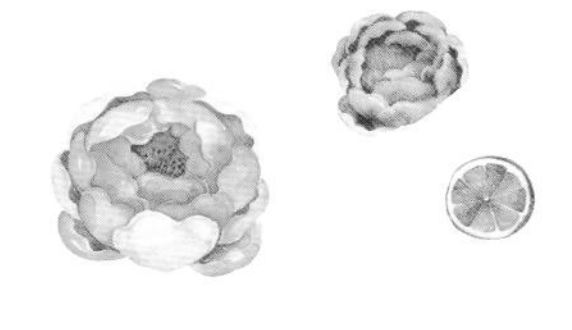

花果满园

家庭庭院植物栽培与养护

[日] 主妇之友社 ———— 著
袁光 ———— 译

中国水利水电出版社
www.waterpub.com.cn
· 北京 ·

常见庭院植物的养护方法

一二年生草本植物…6

宿根植物…44

球根植物…82

芳香植物…108

本书使用说明

●本书的5 ～ 196页为“常见庭院植物的养护方法”篇。我们将在此处为您介绍适宜栽种在庭院、花园和花盆中的能够给我们的生活增添乐趣的二百多种花草树木。包括这些植物的分类、特征和栽培要领。

“一二年生草本植物”是指一年生草本植物和二年生草本植物。

“宿根植物”，是指宿根植物和多年生草本植物（其中包括木质化草本植物）。

“球根植物”，是指生有球根且用球根繁育新株的一类草本花卉。

“芳香植物”，是指因具有一定的功效而被人们广泛栽种的草本花卉。

“花树、庭树”，是指栽种在庭院中造型优美、令人赏心悦目的树木。

“观果树和小果树”，是指包括果实在内都具有观赏价值的树木和果实可以食用的家庭盆栽果树。

此外，本书将叶片优美的植物称为“观叶植物”；将用茎缠绕、依附于其他物体或贴着地面匍匐而生的植物称为“藤蔓植物”。

●本书在各类植物的引言部分为您介绍了不同植物的生长特征和自身特征，以及当它们作为园艺素材时需要注意的“种类”“特征”“养护要领”和“观赏方法”等多方面事项。

●本书在各章节的末尾处还会为您奉上同类植物的具体栽种方法，并以图片的形式为您详解栽种步骤和操作要领。

●本书的197 ～ 205页为“必读园艺小常识”。包括园艺用土、施肥、浇水、病害防治等问题，本书先后向您介绍了问题的种类、解析方法、最佳解决方案、操作禁忌等园艺常识。

●本书的206 ～ 213页为“其他植物一览表”。本部分是对图鉴部分的补充说明。此处向您介绍了深受广大花友喜爱的近200种植物，对这些植物的基本特性进行“一点通”式的解说。

花色·叶色 植物的花朵颜色和叶片颜色大致可分为红色、粉红色、黄色、橙色、青色、紫色、白色、绿色、黑色、复色等多种颜色。

植物特征 即植物的魅力特征和观赏看点。

植物名称 即植物的日文名称、通称和俗称。

别名 即汉字标记名称、一般叫法或通称。

科名 **植物分类** 从上至下依次列举植物的科名与分类。当某植物有诸多种类时，本书仅记述该植物的主要种类。本书的植物分类并不以植物自身属性为依据，而是以其实际生长情况为依据进行划分的。

※比如，树木可分为枝繁叶茂，四季常青的常绿树，树叶在某一时期飘落的落叶树。若按树高分类，则树木可分为树高不超过3cm的灌木 ； 树高为3 ～ 8cm的小乔木 ； 以及树高超过8cm的乔木。

株高或树高 指植株在成熟期的最大高度。

花期或观赏期 指植物具有观赏价值的花、叶、果实等部分的生成时期。书中花期以东京周边的开花时期为准。

移栽期或播种期

移栽是指开始移栽、栽种花苗的时期。播种期是指开始播撒花种进行育苗的时期。

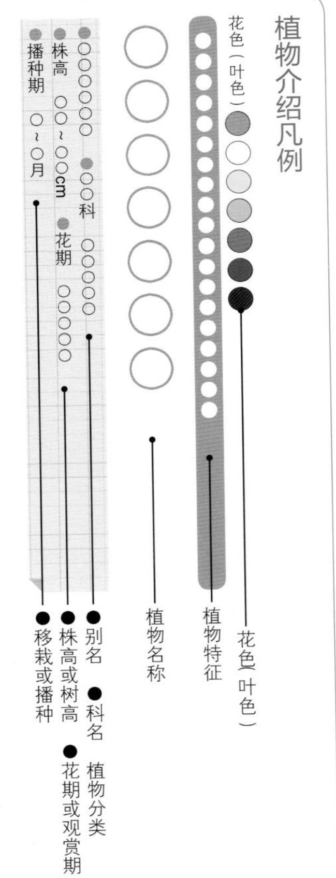

注 ：株高、花期、播种期随地域不同而略有差异。

常见庭院植物的养护方法

一二年生草本植物	宿根植物
球根植物	芳香植物
观叶植物	花树·庭树
藤蔓植物	观果树和小果树

※本章为你介绍的是能够栽种在庭院中观赏的高人气草本花卉。

一二年生草本植物

花园中姹紫嫣红的一二年生草本植物格外引人注目。你一定会在这类品种繁多的花草中找到属于自己的“真爱”。若你想打造一个四季争艳的花园，那么一二年生草本植物一定是这“花舞台”中唱主角的花中魁元。从播种到花开，养护花草的过程也能让我们收获到一份风雅的快乐。

“一年生草本植物”是指从种子发芽、生长、开花、结实至枯萎死亡只有1年的草本植物。而从种子发芽到植株枯萎死亡的生长周期为2年（或多年）的植物则被称为“二年生草本植物”。

由于宿根植物和部分木本植物的原产地气候条件和日本不同，所以它们很难在日本过冬越夏，因此它们也被视为一二年生草本植物。

种类

● 春播一年生草本植物

这类植物也被称为不耐寒生态型一年生草本植物。它们的生长特征是，种子在春天播种后，植株在当年冬天就会枯萎死亡。由于此类植物不耐严寒，所以如果你想在早春就播种的话，就一定要做好保温措施。

● 秋播一年生草本植物

这类植物也被称为耐寒生态型一年生草本植物。它们的生长特征是，种子在秋天播种后就会发芽，植株会以幼苗的形态过冬。转过年来，它们会在入夏前开花、枯萎完成生命周期。这类植物必须在饱经风霜之后才能绽放出美丽的花朵，但却不耐溽暑的闷热。由于它们是过冬开花的植物，所以也被称为越年生草本植物。又因为它们从播种到枯萎死亡的生长周期为1年，所以也被视为一年生草本植物。

此类植物在极寒地区不能过冬，可在早春时节进行播种。

● 二年生草本植物

二年生草本植物是指种子在春夏之际发芽后，第一年仅生长营养器官，第二年春天才开花的草本植物。此类植物的寿命为1～2年。二年生草本植物有像松虫草那样播种后在次年生长、后年开花，寿命为2年的植物；也有很多因具有过冬开花的特性而被称为越年生草本植物的品种。

特征

● 赏花期长

此类植物的花期较长、花朵能够相继绽放，人们能够长期感受到赏花带来的快乐。

● 栽培期短

此类植物在植株枯萎后便不再需要打理了，易于养护，病害防治期相对较短。此类植物虽然“短命”，却能够打造出一个具有新鲜感的花园。

● 品种繁多

生长周期较短的此类植物很容易进行品种改良。一种花也能培育出很多品种。花色、花形、大小变

以一年生草本植物风铃草为主的花园。

一二年生草本植物

羽扇豆

秋播一年生草本植物

三色堇

春播一年生草本植物

波斯菊

松虫草（紫盆花）

翠菊

紫罗兰

矮牵牛

种非常丰富的一二年生草本植物能够让人们在养护过程中收获到很多乐趣。

●播种繁育乐趣多多

稀有品种的花种也可以在花市中轻松购买到。播种后我们就可以静候花期了。育种虽然比较麻烦，但却非常经济实惠。

养护要领

播种、盆栽、移栽、采种是一二年生草本植物在养护过程中的主要环节。若播种育苗失败，亦可购买花苗进行移栽。自生播种繁殖的植物不需要人工采种。花种应保存在干燥低温的环境中。

勤摘花梗或经常为植株修枝剪叶可以延长花期，不要让植株生长疲劳。气温降低时，可将无纺布覆盖在二年生草本植物的花苗上，以防霜冻。

如能仔细观察庭院，你就会发现在日照稍差的位置，一年中也会有日照相对较好的时期，可以在这样的位置趁着日照好时栽种上生长周期较短的一二年生草本植物。

观赏方法

●每年栽种两次

花谢意味着植物生长周期的结束，但急于“辞旧迎新”播撒下一批花种难免会让人手忙脚乱、应接不暇。建议可在春秋两季各播种一次。为了让庭院永葆生机，可以在花谢之后穿插着栽种些宿根植物、藤蔓植物等其他草本花卉。

●需考虑操作难易度

即便把栽种作业设定为一年两次，作业时也可能会伤及花园里的其他正在生长的植物。栽种切忌“舍近求远”，应把花苗栽种在易于打理的花园前沿。也可以在考虑好作业范围之后，在花园后方栽种亭亭玉立的向日葵。

若打算在养花箱中进行混栽，那么应在花期过后预先想好接下来要种什么花，提前做好栽种计划。

●延长花期

如果把一种花的播种日期前前后后错开几天，那么不久的将来花园中就会呈现出“你方唱罢我登场”的盛况。这是延长花期的好办法。

花色

应时对景的报春花

三色堇 鬼脸花

●三色堇（三色堇菜） ●堇菜科 秋播一年生草本植物
●株高 10～50cm ●花期 11月中旬至次年5月
●播种期 8～9月

三色堇·丛生三色堇

三色堇·人面花（新萨比库·橙色）

三色堇·人面花（萨比库·紫色）

200多年前，欧洲人在野生三色堇的基础上培育出了如今的园艺品种。在日本，大号的三色堇依然被称为三色堇（pansy），而小一点的则被称为鬼脸花（viola）。

三色堇本是多年生草本植物，可由于它们不耐日本的溽暑，所以本书将之划归为一年生草本植物。三色堇有较强的耐寒性，若在气候温暖的地区栽种，则它在晚秋时节就会开花；若在气候寒冷的地区栽种，则春播之后便可静待佳期。

三色堇大致可分为播种繁殖、扦插繁殖和分株繁殖的品种。花市上出售的大多是播种繁殖的主流品种。

三色堇、鬼脸花种类齐全，可供花友们尽情挑选。凡是我们能想象得到的颜色都能在三色堇丰富的花色中得到体现。此外，三色堇还有十分罕见、色如墨染般的品种、香气袭人的品种和重瓣品种。三色堇的株形较为单一，近期花市上也有出售匍匐状的根茎上绽放着诸多花朵的品种。

欧洲既有三色堇、鬼脸花等原生品种，也有tricolore、Lutea等园艺品种。原生品种的生命力非常顽强，其养护方法与普通的鬼脸花一样，但此类三色堇只有在春天才会开花。

栽培要领

三色堇喜光向阳，应将其栽种在光照良好的位置。若你想让三色堇成功越夏，就应在盛夏时节将其迁移至阴凉通风处养护。由于三色堇较为耐寒，因此不必为其准备保暖措施植株亦能过冬。可若在气温极低的寒冷地区，三色堇在过冬时也须防霜防冻。

种植三色堇的花土需具有土质肥沃、排水性良好等特征。在种子直播或移栽的花苗较小时，应在花土中喷洒预防立枯病的药剂。

购买花苗时应仔细检查其根部土坨。若土坨上已遍布白色根须，则可用竹签轻刺土坨的侧面和底部后再行移栽。操作时不要把土坨揉碎。

▶ **播种育苗法** 播种育苗时必须提前准备好清洁卫生的播种床。苗床和园艺工具都要消毒后方可使用。可用泥炭土育苗块或育苗盆播种育苗。若在气候温暖地区的夏季播种，则花苗易出现徒长现象，良苗也会病害多发。因此，秋季才是播种的最佳时节。播种时应保证花种的间距，株距不宜过近。覆土不必太厚，仅盖住花种就好。用涓涓细流灌溉后，即可用报纸覆盖花种。待出芽后就可取下报纸，将花苗挪移至向阳处养护。当花苗生出5片真叶时，即可将花苗移栽到花盆中。深埋花根不仅有利于根须

三色堇·丛生三色堇

三色堇·黑春天

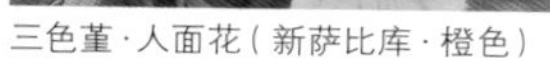

三色堇·人面花（新萨比库·橙色）

三色堇·人面花（萨比库·紫色）

生长，还能使植株的长势变动更加旺盛。可根据植株的长势对其进行两次移栽。

当花苗长大后即可考虑定栽。定栽需保证根部土坨的完整性，切忌株距过密。秋天栽种的花苗到了第二年春天会长成植株直径为20cm见方的花丛，因此在定栽时一定要为其留出足够的生长空间。

▶ **修剪要领** 可以剪裁掉三色堇在春季生长过于旺盛的部分，这样就能使植株恢复整齐利落的造型。如果根部生有很多新芽，则可将新芽剪去一半。若没有新芽或新芽较少，则可待植株稍显枯萎时，用绳子将花茎固定在地面，再用一般方法对其进行养护。待生出新芽后，方可进行修剪作业。三色堇的修剪是有一定难度的。为三色堇修枝剪叶有助于它顺利越夏。

▶ **选址要领** 若将三色堇栽种在吊篮或公寓的阳台等风口处，则花朵易遭受大风的摧残，建议在这样的位置栽种体态较小的三色堇。黑色的三色堇花朵娇小、不够艳丽，不宜栽种在姹紫嫣红的花园中，可将之栽种在养花箱内并摆放在身边观赏。相信它独具一格的美丽一定能够改变你对三色堇的印象。三色堇品种繁多，若将花形大小相近的品种栽种在一处，你在花期时就能观赏到它们“整齐划一”式的美感。如果你觉得只栽种三色堇过于单调，也可以在定栽时在三色堇的花丛中插入几株花茎高挺的水仙、郁金香等球根植物。这会让花园看上去错落有致，异彩纷呈。

▶ **施肥要领** 除了基肥，还可以按照规定的比例每周或每10天给三色堇施加一次液体肥料。如果叶片泛黄，则证明植株需要氮肥。如能在此时给植株施加观叶植物专用肥，则植株很快就会恢复生机。

▶ **病害防治** 三色堇的花苗易得幼苗立枯病。为预防病害，花土必须清洁卫生。若用旧花盆栽种，则务必事先给花盆消毒清洗。在出芽到第一次移栽的这段期间，应多次给三色堇防病打药。此外，三色堇还会感染灰霉病。加强通风，控制种植密度，及时清理凋谢衰老的组织，避免出现伤口等方法都能有效防病。夏季时，三色堇易发白粉病 ，可用专用药剂为之喷涂防治。三色堇在春季易遭蚜虫侵害，可用防治蚜虫的药剂为之除虫。

花色

波斯菊

晴空下的盛世美颜，摇曳在清风中的一抹妖娆

●秋英 ●菊科 春播一年生草本植物

●株高 30~200cm ●花期 6~11月中旬

●播种期 3月中旬~7月中旬

波斯菊虽然在日本较为常见，但它的故乡却在墨西哥。除了波斯（Bipinnatus）外，硫华菊（Cosmos sulphureus）、巧克力秋英（Atrosanguineus）等品种也颇具人气。

波斯菊的生命力非常顽强，花色非常丰富。复色的品种有条纹糖果波斯菊、皮科特波斯菊。近年来，人们还培育出了以“黄色花园”为代表的浅黄色品种和浅橙色、深红色品种。波斯菊的花形也多种多样。比如，花冠华丽硕大的凡尔赛波斯菊、管状瓣的贝壳波斯菊、半重瓣的白蝶、重瓣的双击、花形呈“丁”字形的璀璨之星，矮性种的“索那达”在

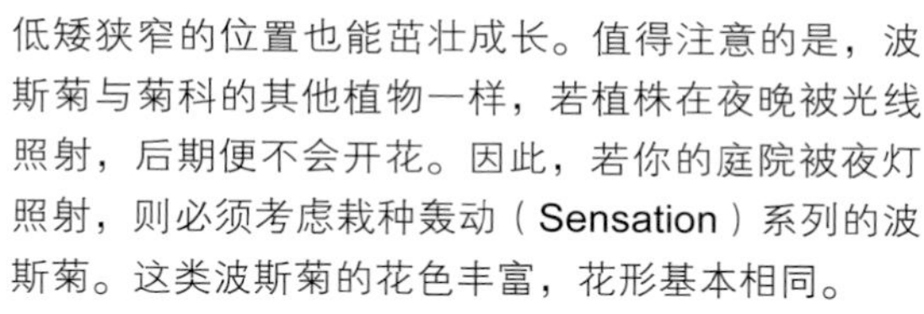

低矮狭窄的位置也能茁壮成长。值得注意的是，波斯菊与菊科的其他植物一样，若植株在夜晚被光线照射，后期便不会开花。因此，若你的庭院被夜灯照射，则必须考虑栽种轰动（Sensation）系列的波斯菊。这类波斯菊的花色丰富，花形基本相同。

生命力顽强的硫华菊虽然只有黄色、橙色和红色等三种花色，却因为具有超强的耐热性给众多花草缺席的炎炎夏日增添了一抹明丽。过去，硫华菊只有单瓣的高性种。现在，人们也培育出了适合栽种在养花箱中的半重瓣矮性种。

单瓣的巧克力秋英散发着甘甜的香气。本是多年生草本植物的巧克力秋英由于难以过冬，所以就无法在花市上卖上好价钱，从而被视作一年生草本植物。此花在原产地业已绝迹，是波斯菊中非常珍稀的品种。

栽培要领

波斯菊只有在强烈的日照下才能开花，不要将它们栽种在背阴处。

只要土壤的排水性优良，坚强的波斯菊在任何

轰动·白波斯菊

凡尔赛波斯菊

土质中均能生长。巧克力秋英对土壤的排水性要求极高，可在花土中多加些鹿沼土，以便提高土壤的排水性。

若非遇到持久干旱的天气，则地栽的波斯菊无须浇水。生长在养花箱中的波斯菊只有在花土表层干燥时才可浇水。无论是地栽还是盆栽，波斯菊都需要一个干爽透气的生长环境。

生长过高的植株容易折倒，可以为其竖起支棍。可为丛生的波斯菊在花丛两段钉好支棍，再架起拦护网，以防植株折倒。花期的波斯菊株高应为

黄色花园波斯菊

金黄波斯菊

巧克力秋英“草莓巧克力”

贝壳波斯菊

花形呈“丁”字形的重瓣品种

50 ～ 60cm。若植株在生长过程中出现徒长现象，则可以通过推迟播种期的方式避免徒长。

若想让巧克力秋英过冬，可以将其移入室内养护，以使其免遭霜冻。可将花苗用插芽法栽种在清洁卫生的花土中。

▶ **播种要领**　波斯菊花种的出芽率很高，可以把花种直接播撒在花园中。花土只要盖住花种即可。浇水时应使水流徐徐浸透花土。若花苗生长得过于密集，可迁移花苗使它们保持 20cm 的株距。

如你购买的是栽种在加仑盆中的花苗，请在移栽时保持花苗根部土坨的完整性。

▶ **施肥要领**　波斯菊在成长过程中仅需基肥，切忌施肥过多。

▶ **病害防治**　波斯菊几乎不生病害。若偶尔出现白粉病，则可用专用药剂为之喷涂防治。

花色

笑傲风雨，花园中的璀璨夏花

矮牵牛

● 朝颜 ● 碧冬茄属 春播一年生草本植物，半耐寒性多年生草本植物
● 株高 20 ~ 50cm ● 花期 4 ~ 12月
● 播种期 4月中旬 ~ 5月

原产地为巴西南部及阿根廷地区的矮牵牛是杂交出来的花卉品种。

过去，大花品种曾是矮牵牛的主流品种。而最近“浪花（Surfinia）”系列、“Bluette”系列、“麒麟波浪（Kirin Wave）”系列、“彩星”系列等中花、小花品种也受到了花友们的追捧。

繁殖力旺盛的矮牵牛平均株高为 50 ~ 60cm，当它们生长成一片花海时，其场面是非常壮观的。矮牵牛的各个品种都有绚烂的花色和丰富的花形。

“百万小铃”系列、“Lilica Shower”系列、“重瓣小花矮牵牛 Petty”等花冠小、结花多的品种虽然也可以被视作矮牵牛，但从严格意义上来讲，它们是非洲小花矮牵牛属植物。它们的花瓣上大多生有褶皱，茎也会发生木质化现象。在气候温暖的地区，此类矮牵牛是可以过冬的，因此也被视作多年生草本植物。

现在，矮牵牛在花市上出现了从未有过的黄色、复色的品种及众多重瓣品种。由于矮牵牛有着漫长的品种改良史，所以其花色和花形较之过去都变得更加丰富了。

栽培要领

矮牵牛在生长时需要充足的光照，应将其栽种在向阳处。

花土应具备土质肥沃、排水性良好等特性。由于矮牵牛易出现茄科植物的连作障碍问题，因此在养花箱中栽种时务必保证花土清洁卫生；地栽时，可将堆肥或石灰拌入花土，从而改良土质。移栽花苗之前，最好能先消毒花土。

矮牵牛不耐潮湿。透气性差且过于潮湿的生长环境会使矮牵牛的叶片由下至上逐渐枯萎，因此应在花土表层干燥后才可浇水。修剪枝叶可让矮牵牛恢复生机勃勃的状态。

浪花等丛生成片的中、小花品种经得起风吹雨淋，适合栽种在花园或大型养花箱中。此类植物的花冠虽小，却也不宜密集栽种。密集栽种会导致根须拥挤，使花朵失去原有的风采。

大花品种的矮牵牛既不从生也不耐雨打风吹，适合栽种在养花箱中。浇水时不要把水淋到花瓣上。

修剪要领 矮牵牛在夏季一旦徒长，就会暴露花根，有碍观瞻。可剪去三分之二的花茎，使植株恢复整齐端庄的样态。修剪也有助于植株生出美观且繁茂的新枝。经验丰富的花友不必给矮牵牛来个“剃光头”式的修剪，可根据

重瓣矮牵牛（十二单衣）

单瓣矮牵牛 · 雪纺

浪花 · Purple

麒麟波浪 · Capricious

彩裙矮牵牛 · 火焰

黄色百万小铃

植株长势留其精华去其糟粕。

剪掉的花枝通过插芽法可以培育出更多的新芽。可将健壮的花枝插入清洁卫生的蛭石粉（vermiculite）中进行培育。花枝只有在高温环境下才能生根，因此夏季可同时进行修枝剪叶和花苗培育，这样作业效率最高。

▶ **播种要领** 矮牵牛的花种只有在22℃的气温中才能发芽。可以在室内的恒温环境中播种，也可以在气温上升时将花种播撒在播种床上。矮牵牛的花种非常小，不可密集播种，应让花种保持适当的间距。播种后无须覆土，可将花盆置于水中，让水从花盆底部的排水孔处逐渐浸润花土，为花种发芽提供充足的水分。之后，可将花盆摆放在不被强光照射的位置静待发芽。发芽后，可将花盆挪移至光线充足的位置养护。当花苗生长出4～5片真叶时，即可将之移栽入加仑盆中。等花苗再长大一些时方可考虑定栽。定栽后可对植株摘心1～2次，以使其生长得郁郁葱葱。

▶ **施肥要领** 除了基肥，还可以每7～10天给矮牵牛施加一次稀释的液体化肥。稀释需按规定倍率调配。缺肥会使叶片泛黄、植株自下而上逐渐枯萎。

紫罗兰星

节庆·粉色褶皱

新几内亚凤仙花

节庆·火花玫瑰

凤仙花

花色

用日渐增多的新花色点缀着夏日花园的边边角角

●非洲凤仙花 ●凤仙花科 春播一年生草本植物，非耐寒性多年生草本植物
●株高 10～60cm ●花期 5～11月中旬
●播种期 4月中旬～5月

广为人知的凤仙花本是原产东非地区的草本花卉。最近，花市上还推出了华丽的重瓣品种和斑锦品种。由原产巴布亚新几内亚的凤仙花衍生出来的新几内亚凤仙花被花友们视为夏花的代表。近年来，人们还用明黄色的品种和浅橙色的品种杂交出了“海贝（Sea Shell）”系列。

栽培要领

凤仙花喜阳光，但不耐高温和烈日暴晒。花土需具备湿润肥沃等特征。养护时须保证供水充足。透气性差的花土会使植株烂根。栽种时需留出足够的株距。凤仙花在气温高的环境中会急速成长，可考虑地栽或将之栽种在大号的养花箱中。移栽时不要破坏植株根部的土坨。若株姿凌乱，可剪去一半枝叶使植株恢复整齐利落的样态。

▶ **播种法与插芽法** 凤仙花花种发芽需要充足的阳光，所以播种后无须覆土。其播种要领、移栽要领与矮牵牛相同。重瓣品种、斑锦品种以及新几内亚凤仙花可在夏末用插芽法育苗。花苗应移至室内过冬养护。

▶ **施肥要领** 除了基肥，还可以每10天为凤仙花施加一次液体化肥。

▶ **病害防治** 蛞蝓会蚕食花朵。可用相关引诱剂捉虫除杀。若不及时摘除花梗就会使植株感染灰霉病，应勤摘残花保持卫生。新几内亚凤仙花易生螨虫。可剪去生有螨虫的枝叶，再用相关药剂喷涂植株。

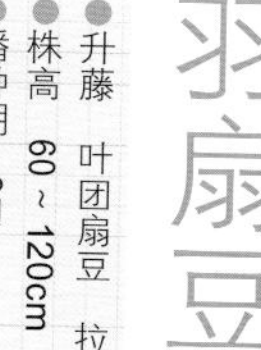

羽扇豆

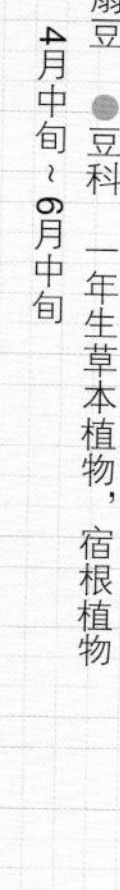

花色

●升藤　叶团扇豆　拉塞尔羽扇豆　●豆科　一年生草本植物，宿根植物

●株高　60～120cm　●花期　4月中旬～6月中旬

●播种期　9月

用华美的总状花序艳压群芳的娇媚春花当属羽扇豆。原产地在地中海沿岸地区和北美西部的羽扇豆经杂交后繁衍出的多姿多彩的拉塞尔羽扇豆尤为著名。羽扇豆为本就是寿命较短的宿根植物花卉，由于它不耐高温溽暑，所以也被视为一年生草本植物。开黄花的黄花羽扇豆、适合栽种在养花箱中的德州蓝帽花是市面上的常见品种。

栽培要领

羽扇豆喜光向阳，宜在排水性好、中性一弱碱性的土壤中生长。栽种之前可先用石灰调节土壤的酸碱度。虽然羽扇豆也有矮性品种和小型品种，但却更适合栽种在大养花箱里或直接露地栽培。直根性苗的羽扇豆不耐移栽，栽种前应事先选好栽种地点。若移栽培育在花盆中的花苗时，应在保证植株根部土坨完整性的前提下进行定栽。栽种时应结合植株花季的株高，设计出众星捧月式的造型，这样的设计会让簇生的羽扇豆展现出惊艳的妩媚。羽扇豆不耐潮湿，养护时需保持土壤干爽透气。

▶ **播种要领**　先将种子用水浸泡一晚，再覆之以 1cm 厚的花土。为促进花苗在冬季的生长，可用栽种蔬菜的塑料大棚为其保温，生长期充分呵护才能让植株茁壮成长。拉塞尔尖塔这种株高相对较为矮小的羽扇豆比较适合栽种在气候温暖的地区。

▶ **施肥要领**　羽扇豆的养护只需基肥。由于羽扇豆属豆科，所以肥料中少氮肥亦可。如果希望羽扇豆在冬季也能生长，则可以根据它的生长状况适当地追加一些植物营养液。

▶ **病害防治**　羽扇豆几乎没有病害防治。如果植株上生有黏虫，则可在夜间进行检查为其除虫。

拉塞尔羽扇豆

黄花羽扇豆

德克萨斯“矢车菊”

袖珍叶牡丹“双色鹤”

白寿

红鸥

京羽

叶牡丹

冬季花园中多姿多彩的座上客

花色

- 叶牡丹　羽衣甘蓝　●十字花科　夏播一年生草本植物
- 株高　20～80cm　●花期　11月中旬～4月中旬
- 播种期　7月中旬～8月上旬

若从植物分类学的角度上来看，叶牡丹与卷心菜称得上是“同胞兄弟”。日本人把改良后的观赏品种称为“叶牡丹”。最近，市面上还出现了叶片形似珊瑚枝的品种和适作切花素材用的长茎品种。而且，随着叶牡丹叶片颜色的逐渐增多，叶片呈浅粉色和鲜红色的品种也悄悄地走进了我们的生活。春天，叶片呈奶油色的叶牡丹看起来甚是娇媚可爱。用叶牡丹装点冬季花园的人也越来越多。

栽培要领

喜光的叶牡丹一旦日照不足，就无法生长出色泽鲜艳的叶片来。栽种叶牡丹的花土需具备土质肥沃、排水性良好等特性。

“双色鹤”开败后，无须铲除它的植株。因为花谢后，植株上就会生出新芽。叶牡丹的花枝非常脆弱，需为其增设支棍。

▶ **播种要领**　尽早播撒花种能够保证叶牡丹的生长期。做混栽用的小型植株可在9月栽种。若用加仑盆育苗，则花种的覆土厚度可设为5mm。可在花苗生出3片真叶时进行移栽。气温过低时不宜移栽。可在10月份进行定栽。叶牡丹不会长得很大，所以株距小一些也不要紧。

▶ **施肥要领**　施加基肥后，可在花苗期为植株施加富含氮磷钾等多种元素的液体肥料，以便促进植株生长。施肥可持续到9月末。9月之后切忌给植株施加氮肥，因为叶牡丹在冬季的颜色不会很鲜艳。

▶ **病害防治**　蚜虫、黏虫、小菜蛾等害虫都是叶牡丹的天敌。除了喷洒杀虫剂，一旦发现害虫应及时扑杀。

美女樱

品种多多，让夏季花园魅力倍增的必种花卉

花色

●铺地马鞭草 ●马鞭草科 春播一年生草本植物，宿根植物
●株高 10～30cm ●花期 4～11月中旬
●播种期 3～4月，9月

美女樱是南美洲的原产花卉。市面上常见的美女樱都是杂交品种。用杂交品种的种子繁育的美女樱被划归为一年生草本植物。夏季花园中的常见品种“塔皮恩”“绣球(Hanatemari)”也是一年生草本植物。美女樱原为宿根植物，它在气候温暖的地区是可以过冬的。美女樱的一年生品种大多茎秆矮壮匍匐，既可以栽种在养花箱和吊篮里，也可做地被材料使用。

栽培要领

美女樱的生长离不开充足的光照，应将之栽种在向阳处。美女樱较为耐旱，生长不拘土质，只要花土的排水性良好，它就能长得很繁茂。美女樱不耐潮湿，应为其创造一个干爽透气的土壤环境。因此，吊篮是栽种美女樱的绝佳容器。应及时处理掉残花败叶。若植株徒长，可参考株高剪去一半的徒长部分以调整株姿。还可以用插芽法利用剪下来的枝叶繁育新苗。由于匍匐茎有蔓延生长的特性，栽种时应注意保持株距。近期花市出售的新品种多有上述特性，栽种时切忌密植。

▶ **播种要领** 美女樱的发芽期较长。发芽之前不要让花种缺水。用一层薄土盖住花种即可，不必深埋。美女樱既可以直接在花园中播种培育，也可以先在加仑盆中育苗后再做移栽。

▶ **施肥要领** 美女樱的生长只需基肥。若基肥不足，还可以为之施加稀释过的液体化肥。但施肥不可过量。

▶ **病害防治** 盛夏时，美女樱易生叶螨和白粉病。但这些病害对美女樱来说并不致命。喷洒相关药剂即可防治。

绣球浅粉

粉色芭菲

宿根美女樱 · Mi-tan

宿根美女樱 · 塔皮恩

金鱼草

手感柔软，形如金鱼般的美丽花卉

花色

●金鱼草　龙头花　●玄参科　秋播一年生草本植物
●株高　10～200cm　●花期　3～6月
●播种期　9月中旬～11月中旬

高性种

花雨

广为人知的金鱼草原是生长在地中海沿岸的植物。金鱼草本是株矮花繁的宿根植物，但人们在园艺栽培时经常将其视为一年生草本植物。金鱼草可分为高性种和矮性种。这两个品种的花色都十分美丽。

栽培要领

金鱼草适宜在阳光充足、通风性良好的环境中生长。花土应为排水性良好的沙土，土质以中弱碱性为宜。可用石灰调配花土，改良土质。金鱼草细小的花种只有在光照充足的环境中才能生根发芽，播种之后不必覆土，其养护要领与矮牵牛相同。花苗应尽早移栽。金鱼草不喜潮湿，浇水不可过量。要待花开过半后方可修剪，修剪会让金鱼草再度开花。冬季养护时应保护金鱼草免遭霜冻。

金鱼草在生长过程中仅需基肥，无病虫害。

花环菊

散发着大自然气息、蔓延无际的黄、白色地中海草本花卉

花色

●花环菊　●菊科　秋播一年生草本植物
●株高　10～30cm　●花期　12～次年6月
●播种期　9月

鞘冠菊

白晶菊 · 北极

原产地中海地区的花环菊多被花友们视作一年生草本植物。市面上常见的品种有白晶菊（paludosum）和花色为黄色、奶油色的鞘冠菊。蔬菜中的茼蒿是花环菊的“近亲”。

栽培要领

性畏潮湿的花环菊适宜栽种在光照充足、花土排水性良好的环境中。养护时应注意使花土保持干爽透气的状态。可以直接在花园中播种，也可以在花盆中育苗后待春暖之时再做定栽。播种后，花土只需覆盖过花种即可。由于花环菊的发芽率较低，播种时可以多播撒些种子以确保发芽率。应根据植株成长起来的高度给花种留出适当的距离。花环菊不耐低温，养护时应谨防霜冻。

花环菊在生长时仅需基肥。养护时需防治蚜虫侵害植株。

庭荠

芳香四溢、色彩纷呈的娇艳春花

花色

●小庭荠 ●十字花科 秋播一年生草本植物
●株高 10～15cm ●开花期 4～5月
●播种期 9月下旬～10月上旬

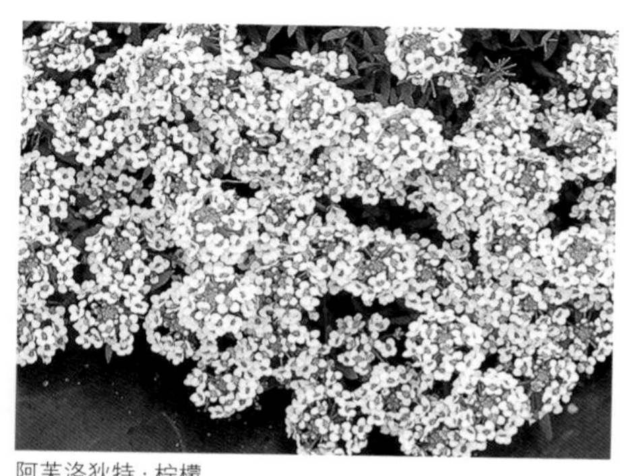

阿芙洛狄特·柠檬

复活节圆帽·紫色

庭荠是原产地中海地区的植物。它的原生品种本是花色素白的野花，但经过人工改良后，其花色也变得十分丰富。在夏季气温相对较低的地区，庭荠也能在花园中灿烂绽放。

栽培要领

庭荠适宜在向阳处栽种。应选择排水性良好且土质为中弱碱性的土壤做花土。栽种之前，可先用石灰调配花土。庭荠的播种方法与三色堇相同，可以直接在花园中播种；也可以在花盆中育苗，待植株长大后再做定栽。庭荠喜欢在干爽的环境中生长，浇水不要过量。植株长大后会生得枝繁叶茂，栽种时需注意保持株距。剪掉开过花的花枝，庭荠便能再次开花。庭荠不耐低温，天冷时应谨防霜冻。

庭荠在生长时仅需基肥。如遇蚜虫侵害植株，可对症下药除虫防治。

紫罗兰

芬芳艳丽惹人喜爱的早春之花

花色

●紫罗兰 草桂花 ●十字花科 秋播一年生草本植物
●株高 20～100cm ●花期 2～4月
●播种期 9月

源自地中海地区的紫罗兰分为高性种和矮性种。紫罗兰的花色十分丰富，现在市面上常见的紫罗兰多为重瓣品种。

栽培要领

紫罗兰宜在向阳处栽种。应选择排水性良好且土质肥沃的土壤做花土。紫罗兰不喜潮湿，浇水不要过量。降温时，应为生性畏寒的紫罗兰做好防冻措施。高性种紫罗兰易折倒，可为其设立支棍。花苗的生长期较长，应尽早播种。由于重瓣花种会与单瓣花种混杂在一起，选种时请认真阅读包装袋上的说明。

紫罗兰在生长时仅需基肥。如遇菜蛾侵害植株，可待花苗长大后喷药除虫。

海军蓝（矮性种）

春之歌（高性种）

能够数次绽放的可爱小花

花色

瞿麦

●抚子 ●石竹科 秋播一年生草本植物

●株高 10～20cm ●花期 4～5月

●播种期 9月

五寸石竹

五彩石竹（矮性种）

瞿麦原是生长在中国的石竹科园艺花卉。此外，花市上还出售原产美国的二年生草本植物五寸石竹和原产日本的日本石竹。

栽培要领

瞿麦宜在向阳处栽种。应选择排水性良好的沙土做花土。瞿麦不耐潮湿，养护时应为其创造干爽的生长环境。盆栽时应将花盆摆放在通风良好且不宜被雨淋湿的位置。修剪残花可让植株再次生长绽放。瞿麦的植株较大，栽种时应保持株距。播种要领与三色堇相同。

瞿麦在生长时仅需基肥。施肥切勿过量。

瞿麦会得立枯病，可用相关药剂喷洒预防。少浇水，使其生长在干爽的环境中也能防止患立枯病。

春日暖阳下熠熠生辉的南非名花

花色

异果菊

●绸缎花 ●菊科 秋播一年生草本植物

●株高 30～40cm ●花期 4月中旬～6月中旬

●播种期 9～10月

异果菊

异果菊是原产南非的植物，花市上常见的是品种是 sinuata。有时，我们也能看到开白花的“斑鸠”（pluviaLis）。

栽培要领

异果菊宜在向阳处栽种。应选择排水性良好的土壤做花土。异果菊的植株较大，为创造通风性良好的环境，栽种时应注意保持株距。可用播种花环菊的方法将花种播撒在育苗箱中。当花苗生出三枚真叶时，即可将之移栽在加仑盆中。定栽应在入春之后进行。在花苗期摘心 1～2 次可以促进植株生长。异果菊不耐严寒，降温时需做好防冻措施。

异果菊仅需基肥即可茁壮成长。异果菊无特殊病害。不过，若花土过于潮湿，植株会有烂根的可能。

原为欧洲野花的美丽花朵，依次绽放，美不胜收

花色

雏菊

●雏菊 延命菊 长命菊 ●菊科 秋播一年生草本植物
●株高 5～15cm ●花期 3～6月中旬
●播种期 9月

绒球系列 · 粉色

原产欧洲的雏菊本是朴素低调的白色单瓣小花。现在，花色为深红色、桃红色的雏菊和花形为重瓣的雏菊已经成了花市上的常见品种。

英格兰雏菊

栽培要领

喜光向阳的雏菊不耐干旱，适宜栽种在土质肥沃、保水性好的土壤中。可用播种花环菊的方法将花种播撒在育苗箱中。当花苗生出三枚真叶时，即可将之移栽在加仑盆中。待花苗长大后，方可考虑定栽入花园。雏菊的花朵玲珑小巧，株距不必过大。应经常摘除残花的花梗，促进植株健康生长。

除了基肥，还应该每10天为雏菊施加一次液体化肥。如遇蚜虫侵害植株，可对症下药除虫防治。

花色丰富、花形别致的南非花卉

花色

龙面花

●龙面花 ●玄参科 秋播一年生草本植物，宿根植物 ●株高 15～30cm
●花期 3月中旬～6月中旬，10～12月
●播种期 9月中旬～10月中旬，4月

桃子（宿根系）

拉普兰 · 橙

龙面花是原产南非的植物。市面上较为常见的是一年生草本植物strumosa。龙面花虽然形似柳穿鱼，但其花冠却更为华美硕大。花开旺盛的龙面花也有矮性种，是容器花园中的人气花卉。

栽培要领

龙面花宜在向阳处栽种。应选择排水性良好的沙土做花土。可用播种矮牵牛的方法将花种播撒在育苗箱中。当花苗生出三枚真叶时，即可将之移栽在加仑盆中。待花苗长大后，方可考虑定栽入花园。在寒冷地区栽种时，应做好御寒措施。

除了基肥，还可每两周为花苗施加一次草本花卉用花肥。施肥不宜过量，应比说明书上规定的施肥量少一些。

龙面花生命力顽强，几乎没有病虫害。

花色

粉蝶花

漫山遍野、色泽素雅的青紫色小花

●喜林草、婴眼 ●紫草科 秋播一年生草本植物
●株高 15～30cm ●花期 3月下旬～5月
●播种期 9月中旬～11月中旬

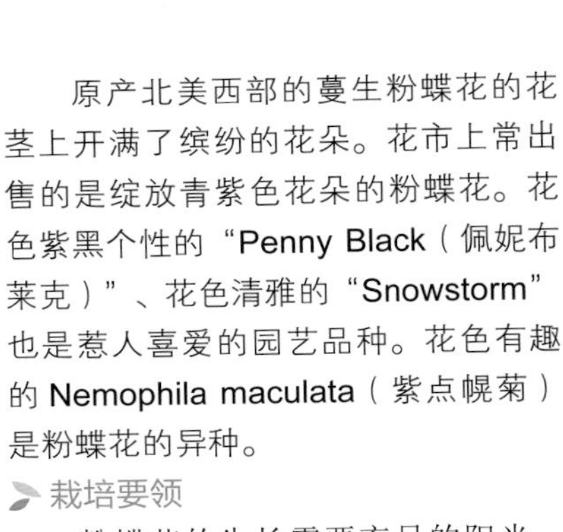

Insignisblue

Nemophila maculata（紫点幌菊）

原产北美西部的蔓生粉蝶花的花茎上开满了缤纷的花朵。花市上常出售的是绽放青紫色花朵的粉蝶花。花色紫黑个性的“Penny Black（佩妮布莱克）”、花色清雅的“Snowstorm”也是惹人喜爱的园艺品种。花色有趣的 Nemophila maculata（紫点幌菊）是粉蝶花的异种。

栽培要领

粉蝶花的生长需要充足的阳光，因此适宜在向阳处栽种。应选择土质肥沃、排水性良好的土壤做为花土。养护时应为植株创造干爽的生长环境。粉蝶花不宜移栽，可直接在花园中播种。待植株长大后，可适当扩大株距，为其留出充足的生长空间。在低温地区栽种时应为其做好防寒措施。

粉蝶花在生长时仅需基肥，切勿施肥过量。

粉蝶花几乎无特殊病害。

花色

罂粟

在春风中摇曳生姿的华丽花卉

●罂粟 ●罂粟科 秋播一年生草本植物，宿根植物
●株高 30～90cm ●花期 3～6月
●播种期 9月中旬～10月

罂粟花被人们广泛栽种的品种是散布在北半球、花色丰富的冰岛罂粟（P.nudicaule）。此外，原产欧洲的**雪莉罂粟**也是广为栽种的常见品种。鬼罂粟则是多年生草本植物。

栽培要领

罂粟花喜光向阳，宜栽种在排水性好的土壤中。罂粟不耐潮湿，浇水不要过量。罂粟花种的播种要领与矮牵牛相同。由于罂粟不宜移栽，花种可直接播撒在花园或养花箱中。若你想在加仑盆中育苗，那么移栽时一定不要破坏植株根部的土坨。罂粟花的花梗是不会自然凋落的，花谢后应剪去花梗。

罂粟在生长时仅需基肥，切勿施肥过量。

罂粟几乎无特殊病害。

冰岛罂粟

雪莉粟

柳穿鱼

紫花柳穿鱼

花色

花色明艳动人，生长着娇媚花朵的花序林立丛生

柳穿鱼

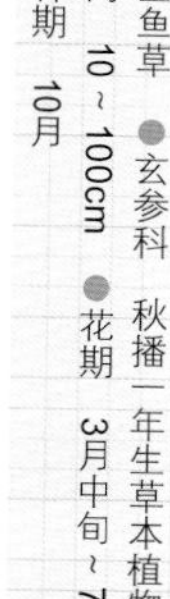

●小金鱼草　●玄参科　秋播一年生草本植物，宿根植物

●株高　10～100cm　●花期　3月中旬～7月中旬

●播种期　10月

柳穿鱼是原生欧洲的植物经杂交之后产生的园艺品种。柳穿鱼的花色十分丰富。花期时，花序上的花朵会依次绽放，其美丽灵动令人目不暇接。柳穿鱼植株高大，属于宿根植物。

栽培要领

喜光向阳的柳穿鱼宜栽种在排水性好的沙土中。此花具有较强的耐旱性，幼苗期不喜潮湿，应为其创造干爽的生长环境。栽种不宜过密。寒霜会使植株受损，应采取防寒措施。柳穿鱼的播种要点与矮牵牛相同。由于此花不宜移栽，花种可直接播撒在花园中。若想在加仑盆中育苗，那么移栽时一定不要破坏植株根部的土坨。花开过后应及时剪去花枝，这样植株就会二次绽放。柳穿鱼在生长时仅需基肥。施肥切勿过量。

柳穿鱼会得立枯病。若能保证其生长环境的干爽，则对立枯病的防治也会起到积极作用。

花色

烂漫绽放的蓝紫色野花如同璀璨迷人的漫天星斗

勿忘我

●勿忘草　*Myosotis sylvatica*（星辰花）　●紫草科　秋播一年生草本植物

●株高　10～50cm　●花期　3月中旬～5月

●播种期　9月中旬～10月中旬

勿忘我

花市上出售的切花用“勿忘我”不是本种，而是蓝雪科补血草属（Limonium）植物。

白色勿忘我

栽培要领

喜光向阳的勿忘我可在排水性好的任何土质土壤中茁壮成长。如能用堆肥和腐叶土调配花土，则植株的长势就会更加旺盛。养护时应做好防寒措施，花土干燥时需及时浇水。勿忘我的播种要点大部分与三色堇相同，但给勿忘我花种的覆土要厚一些。由于此花不宜移栽，花种可直接播撒在花园中。若想在加仑盆中育苗，那么移栽时一定不要破坏植株根部的土坨。栽种时应保持适当的株距。几乎不受病害侵扰的勿忘我在生长时仅需基肥。

朝颜

洋溢着江户风情的夏日晨花

●牵牛花 ●旋花科 春播一年生草本植物
●株高 20～500cm以上 ●花期 7月～10月中旬
●播种期 5～6月

御代之辉

空色朝颜 · Heavenly blue

朝颜是原产东亚的植物。近年来，花市上出现了繁殖力强、叶片呈圆形的圆叶朝颜、花开至中午方才闭合的空色朝颜（西洋朝颜、三色朝颜）。杂交品种曜白朝颜也深受花友们的喜爱。

栽培要领

喜光向阳的朝颜适宜栽种在排水性好的沃土中。朝颜只有在气温高的条件下才能发芽，栽种应在天暖之后。将花种在水中浸泡一晚，当种皮裂开后，可按羽扇豆的播种方法进行栽种。当藤蔓上爬时，可为其树立支棍。花苗期的摘心有助于植株的旺盛生长。

朝颜在生长时仅需基肥。后期也可以根据植株长势酌情施加液体化肥。

朝颜无特殊病虫害。但由于朝颜不喜欢空气质量较差的环境，所以不要将它栽种在车水马龙的道路旁。

满天星

弱不禁风、美如烟霞般的花朵

●霞草 锥花丝石竹 满天星 ●石竹亚科 秋播一年生草本植物，宿根植物
●株高 50～60cm、90～120cm ●花期 6～8月
●播种期 9月下旬

Covent Garden Market

宿根满天星 · Pyreness Pink

满天星是原产欧洲的草本植物。其一年生品种有Elegance、花色粉红植株低矮的Moralist。做切花用的Paniculata是宿根植物。

栽培要领

喜光向阳的满天星适宜栽种在排水性好、土质为中弱碱性的花土中。可用石灰调配花土的酸碱度。满天星不耐潮湿，浇水不要过量。栽种时应保持适当的株距，为其创造通风良好的生长环境。满天星的播种要领与波斯菊相同。由于此花不宜移栽，花种可直接播撒在花园中。若在加仑盆中育苗，那么移栽时一定不要破坏植株根部的土坨。

满天星的花苞不宜淋雨，应为其创造干爽的生长环境。

满天星在生长时仅需基肥。

常见病虫害有立枯病、白绢病。若植株感染白绢病，应给周围花土消毒。土壤排水性差是其病因。

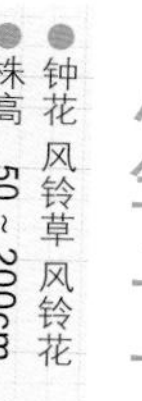

风铃草

在风中起舞的美丽『风铃』

花色

●钟花 风铃草 风铃花 ●桔梗亚科 春播一年生草本植物，宿根植物，多年生草本植物

●株高 50～200cm ●花期 5～7月

●播种期 4～5月

蓝星

Medium

Medium 和 Rapunculus 是被花友们广泛栽种的风铃草品种。最近，不经一番寒彻骨，也能争得满园春的风铃草成了人们的新宠。这种风铃草在气候温暖的地区也能轻松栽培。

栽培要领

喜光向阳的风铃草适宜栽种在光线良好的位置。若初夏的庭院中有阳光明媚的位置，就可栽种此花。花土以排水性好、中性的土壤为宜。可用石灰调配花土的酸碱度。风铃草的播种要领与矮牵牛相同。由于此花长大后不宜移栽，花种可直接播撒在花园中，也可在花苗期进行移栽作业。

风铃草在施加基肥后，可根据植株长势酌情施加液体化肥。

风铃草会遭遇黏虫侵害，可对症下药进行防治。发现害虫后应及时捕杀。

百日草

不畏夏季骄阳的坚强夏花

花色

●百日草 ●菊科 春播一年生草本植物

●株高 30～100cm ●花期 6～11月

●播种期 4～7月

星光・橙色

原产墨西哥的百日草是百日草属植物，其花色和花形都十分丰富，可分为高性种和矮性种。Linearis 是植株低矮繁茂的品种，适宜与其他花卉混在容器、花园或吊篮中。

冲击者

栽培要领

喜光向阳的百日草适宜栽种在排水性好的沃土中，其播种要领与波斯菊相同。百日草的花朵不耐雨打，浇水时不要淋湿它的花瓣。若株姿凌乱，则可通过修剪恢复株姿。

百日草的生长只需基肥。后期也可以根据植株长势为其追肥。

百日草常见的病害有白粉病和立枯病，可对症下药进行防治。立枯病是由于生长环境过于潮湿引起的，养护时应为其创造干爽的生长环境。

春季绽放的西方品种和秋季绽放的日本品种

花色

紫盆花

●山萝卜 ●川续断科 一年生草本植物，宿根植物
●株高 30～90cm ●花期 5～10月
●播种期 3月，10月

黄盆花

川续断科属的紫盆花（Scabiosa atropurpurea）是一年生草本植物，而日本的蓝盆花（Japonica）则是二年生草本植物。花市上较为常见的是名为高加索轮峰菊的宿根植物。

娜塔莉

栽培要领

喜光向阳的紫盆花适宜栽种在排水性好的土壤中，不宜在潮湿的环境中生长。花土以中弱碱性的土质为宜，可用石灰调配土壤的酸碱度。播种后需为花种覆上一层厚土。由于此花不宜移栽，花种可直接播撒在花园中。当然，也可以在不破坏植株根部土坨的前提下移栽花苗。植株长高后可为其树立支棍。当年播种的紫盆花在次年才能发芽。

紫盆花在生长时只需基肥。

白粉病是紫盆花的常见病害，可对症下药进行防治。

能够在干旱的土地上生长的美丽黄花

花色

金毛菊

●金毛菊 ●菊科 春播，秋播一年生草本植物
●株高 15～30cm ●花期 4～9月
●播种期 3～4月，9～10月

遍布山野的金毛菊是原产北美洲南部和墨西哥的植物。金毛菊有矮性、多花性的园艺品种，其花期较长，是耐热耐旱，生命力顽强的草本花卉。此花常与大小、花形都相似的五色菊同时出售，且两花的养护要领也极其相似。

栽培要领

喜光向阳的金毛菊不耐潮湿，适宜栽种在排水性好的沙土中。闷湿的环境无益于植株生长，栽种时要保持株距。金毛菊的播种要领与波斯菊相同。秋播时应给花苗做好防寒措施。植株长大后，花茎便会低垂下来，因此本花很适合栽种在吊篮中。

金毛菊在生长时仅需基肥。施肥不要过量。无病虫害。

金毛菊

花色

花、叶均能食用的有趣夏花

旱金莲

●金莲花 ●旱金莲科 春播一年生草本植物
●株高 25~200cm ●花期 5月中旬~7月中旬
●播种期 3~4月

旱金莲

旱金莲是原产南美洲的植物。虽然它的花茎很长，但却并不会与其他枝叶缠绕在一起。旱金莲也有矮性种，是初夏时节容器花园中必不可少的经典花卉。旱金莲的花朵还有药用价值。花市上常见的品种有开红花的 Tricolor 和开黄花的 Peregrinum。

栽培要领

旱金莲适宜栽种在日照好、通风好的位置。由于此花不喜潮湿，花土必须具有较强的排水性。播种前应检查花种是否有裂口，可将之在水中浸泡一晚，其的播种要领与羽扇豆相同。旱金莲不宜移栽，花种可直接播撒在花园中。当然，也可以在不破坏植株根部土坨的前提下移栽花苗。秋播时应给花苗做好防寒措施。施肥仅需基肥。

可摘除附着潜叶蛾的叶片。

花色

花色丰富美丽，蓝天之下朵朵向阳开的花卉

向日葵

●向日葵 朝阳花 太阳花 ●菊科 春播一年生草本植物
●株高 40~350cm ●花期 7~9月
●播种期 4月中旬~6月中旬

大雪山（银叶品种）

香草冰淇淋

原产北美洲的向日葵是夏天的代名词。向日葵既有植株高挺的品种，也有低矮不过人们膝盖的品种。此外，它还有重瓣品种、红色、橙色、柠檬花色以及生有同心圆般花纹的品种。

栽培要领

喜光向阳的向日葵适合栽种在深耕细作的土壤中。播种前，最好给花土施加堆肥。向日葵只有在高温时节才能发芽，其播种要领与羽扇豆相同。既可以直接在花园中播撒花种，也可以移栽花苗。养护花苗时不要让花土过于干燥。若你的庭院面积较小，也可以考虑栽种向日葵的矮性种。或者，也可以通过摘心使植株生长得枝繁叶茂，控制株高。

除了基肥，还可以根据花苗长势为其适当地施加液体化肥。

向日葵几乎没有病虫害。

万寿菊

花色 ○○●

抗病害能力强，常开不衰的坚强夏花

●金盏菊　万寿菊　臭芙蓉　●菊科　春播一年生草本植物
●株高　15～90cm　●花期　5月中旬～11月
●播种期　4～5月

安提瓜·黄色品种（非洲品种）

万寿菊是墨西哥的原产植物，可分为小花冠、多花性的法国金盏花和大花冠的非洲金盏花等品种。虽然万寿菊的花形以重瓣和半重瓣为主，但也有单瓣品种和花色为奶白色的品种。此外，万寿菊根部的分泌物还能有效驱除线虫。

栽培要领

喜光向阳的万寿菊适宜栽种在光照好、土壤排水性佳的环境中。万寿菊不喜潮湿，浇水不要过量。本花的播种要领与波斯菊相同。万寿菊在夏季易出现徒长现象，可剪去一半的徒长枝修整株姿。修剪能让万寿菊在天凉时再次绽放。勤摘花梗有利于植株的健康成长。

除基肥之外，还可以为其施加液体化肥。氮肥过量不利于植株生长，施肥不要过量。万寿菊无特殊病虫害。

Safari·橙色品种（法国品种）

金光菊

花色 ○●

用黄花装扮起充满怀旧情调的花园

●黑眼菊　黄菊　●菊科　一年生草本植物，宿根植物
●株高　25～200cm　●花期　5～9月
●播种期　4月，10月

金光菊

金光菊是原产北美洲的植物，其门类下的黑眼菊是一年生草本植物。此花大多生得栗色花心、深黄色花瓣。高高耸起的花心十分醒目，给人别具一格的印象。若想栽种此花，可购买载种于加仑盆中的花苗进行养护。

栽培要领

金光菊喜光向阳。若土壤排水性良好，则此花在任何土质中都能不畏寒暑地茁壮成长。其播种要领与波斯菊相同。本花既可以直接在花园中播撒花种，也可以移栽花苗进行培育。夏季修剪花枝能让金光菊再次绽放美丽的花朵。

金光菊不喜潮湿，浇水必须适度。高性种的金光菊易折倒，可为其树立支棍。

施肥仅需基肥。无特殊病虫害。

重瓣金光菊

山梗菜

蓝蝴蝶般的花朵纷繁绽放

花色

- 六倍利　花半边莲　● 桔梗科　秋播一年生草本植物，宿根植物
- 株高　10～25cm　● 花期　5～7月中旬，9月中旬～11月
- 播种期　9～10月

里维埃拉

此部分的山梗菜指的是原产南非的南非半边莲，其半球状的植株上开满了许多形如蝴蝶般的花朵。

栽培要领

山梗菜虽然喜光向阳，但夏季时在明亮的背阴处也能生长得很好。应选择土质肥沃、排水性好的土壤做花土。本花不耐干旱，养护时不要缺水。其播种要领与矮牵牛相同。山梗菜的植株生得十分蓬松，栽种时需保持株距。株高低矮的山梗菜会下垂生长，因此比较适合栽种在摆放位置较高的养花箱或吊篮中。可通过修剪恢复株姿，修剪还会让山梗菜再次绽放。

每两周可为山梗菜施加一次液体化肥。应按照规定比例调配花肥后再给植株追肥。

山梗菜无特殊病虫害。

山梗菜的白色品种

千日红

此花做成干花可供人常年欣赏

花色

- 火球花　● 苋科　春播一年生草本植物
- 株高　20～60cm　● 花期　7～10月
- 播种期　5月

黄花千日红·Strawberry Fields（草莓地）

原产非洲热带的千日红非常耐旱，是夏季花园中必不可少的名花。千日红可分为适合栽种在花园中的高性种和适合栽种在养花箱中的矮性种。最近，花市上也出现了花色为橙色和红色的黄花千日红。

栽培要领

无论是日晒、高温还是燥热，都不会妨碍千日红的茁壮成长。千日红适宜栽种在排水性良好的土壤中。其播种要领与波斯菊相同。可将花种直接播撒在花园或加仑盆中。可用沙子揉搓种皮采集花种。移栽加仑盆中的花苗时不要破坏其根部的土坨。千日红的花期较长，可及时摘除有损伤的花朵。

基肥足够维系植株生长，施肥不要过量。施加氮肥务必适量。

千日红无特殊病虫害。

双色玫瑰

金盏花

在冬季与早春时节悄然绽放的美丽鲜花

●金盏花　金盏菊
●菊科　秋播一年生草本植物
●株高　15～60cm　●花期　2～5月
●移栽期　11～12月

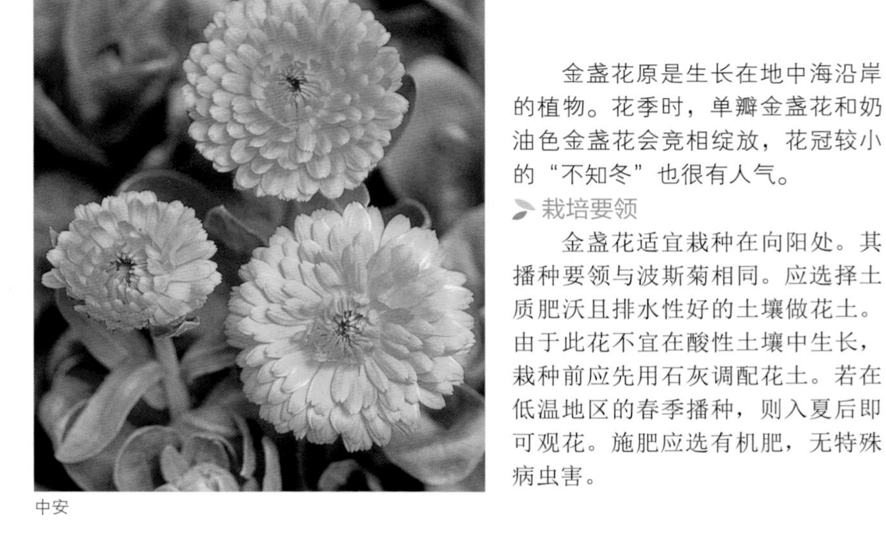
中安

金盏花原是生长在地中海沿岸的植物。花季时，单瓣金盏花和奶油色金盏花会竞相绽放，花冠较小的“不知冬”也很有人气。

栽培要领

金盏花适宜栽种在向阳处。其播种要领与波斯菊相同。应选择土质肥沃且排水性好的土壤做花土。由于此花不宜在酸性土壤中生长，栽种前应先用石灰调配花土。若在低温地区的春季播种，则入夏后即可观花。施肥应选有机肥，无特殊病虫害。

花色

绛车轴草

可使土壤变得肥沃的可爱红花

●绛车轴草　绛三叶
●蝶形花科　秋播一年生草本植物
●株高　50～60cm　●花期　4～5月
●播种期　9～10月

绛车轴草

原产欧洲的绛车轴草是白三叶草的“近亲”。

栽培要领

喜光向阳的绛车轴草适宜栽种在排水性好的花土中。由于植株会生得很高，所以株距应设为20cm。其播种要领与三色堇相同。播种后，应为花种覆上一层厚土。本花不宜移栽，花种可直接播撒在花园中。当然，也可以在不破坏植株根部土坨的前提下移栽花苗。土质以中/弱碱性土壤为宜，可用石灰调配花土。基肥足够维系植株生长，无特殊病虫害。

花色

鹅河菊

生长在澳洲沙漠的小花

●鹅河菊　丝河菊
●菊科　春、秋播一年生草本植物，多年生草本植物
●株高　15～45cm　●花期　4～10月
●播种期　3月中旬～4月中旬，9月中旬～10月中旬

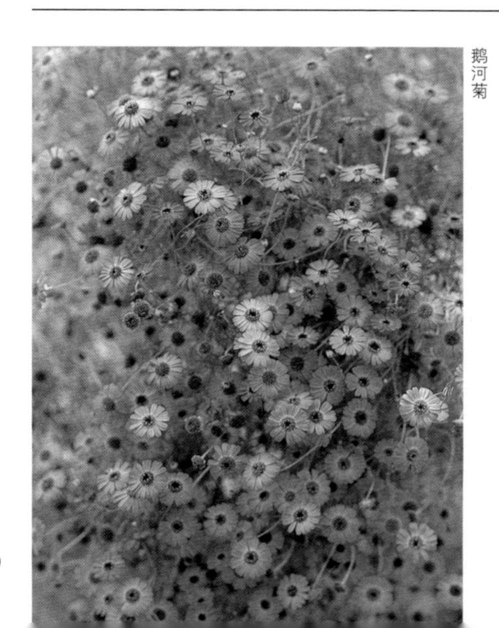
鹅河菊

鹅河菊是原产于澳洲西部的草本花卉。花色淡紫的鹅河菊是一年生草本植物。

栽培要领

喜光向阳的鹅河菊适宜栽种在土质肥沃、排水性良好的土壤中。其播种要领与波斯菊相同。养护时应为其创造通风干爽的生长环境。鹅河菊不耐寒，降温时应谨防霜冻。基肥足够维系植株生长，无特殊病虫害。

福禄考

色彩纷呈的星形花朵甚是惹人喜爱

花色

- 福禄花　草夹竹桃　宿根福禄考
- 花荵科　秋播一年生草本植物，宿根植物
- 株高　10～100cm
- 花期　4～9月
- 播种期　9～10月

福禄考是原产北美洲、中美洲的植物。此部分介绍的福禄考指的是日本的一年生草本植物。

栽培要领

喜光向阳的福禄考适宜栽种在土质肥沃、排水性良好的土壤中。由于此花不宜在酸性土壤中生长，栽种前应先用石灰调配花土。播种要领与三色堇相同。基肥足够维系植株生长。福禄考虽无特殊病虫害，但偶尔也会感染白粉病。

福禄考·珊瑚美人

彩虹菊

把南非化沙海为花田的神奇花卉

花色

- 红玻璃
- 番杏科　秋播一年生草本植物
- 株高　10～15cm
- 花期　4～5月
- 播种期　9～10月中旬

彩虹菊是原产南非的植物，其花色非常丰富。

栽培要领

喜光向阳的彩虹菊只有在阳光的照射下才能盛开。花土需具有排水性良好的特性。此花不耐寒，养护时应谨防霜冻。播种要领与矮牵牛相同，但花种覆土不宜过厚。彩虹菊非常娇弱，可将花种直接播种在花园或养花箱中。基肥足够维系植株生长，无特殊病虫害。

彩虹菊

藿香蓟

色调清冷的夏日小花

花色

- 霍香蓟
- 菊科　春播一年生草本植物
- 株高　20～70cm
- 花期　6～11月
- 播种期　4～5月

藿香蓟

原产墨西哥的藿香蓟在花期时会绽放青紫色、白色、粉红色的花朵，品种有高性种和矮性种之分。

栽培要领

喜光向阳的藿香蓟适宜栽种在富含腐殖质的沃土中。其播种要领与波斯菊相同。栽种时要保持株距。此花不喜潮湿，应为其创造干爽的生长环境。除了基肥，每两周可为其施加一次草本花卉用肥。此花虽少有病害，但矮性种应勤摘花梗。

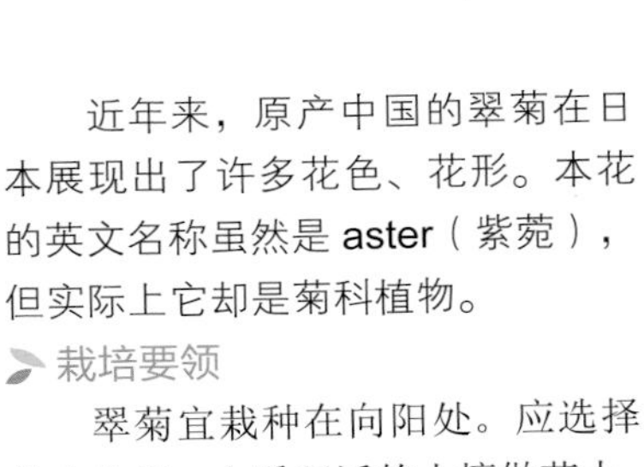

夫人（Milady）· 粉色

翠菊

●江西腊　七月菊　●菊科　一或二年生草本植物

●株高　20～90cm

●花期　6月中旬～9月

●播种期　3～5月中旬

近年来，原产中国的翠菊在日本展现出了许多花色、花形。本花的英文名称虽然是 aster（紫菀），但实际上它却是菊科植物。

栽培要领

翠菊宜栽种在向阳处。应选择排水性好、土质肥沃的土壤做花土。其播种要领与波斯菊相同。除了基肥，还可以为植株追加草本花卉用液体化肥。翠菊花苗易得立枯病，可对症下药为其喷洒杀菌剂。栽种时不要连作。

醉蝶花

与日本园林相得益彰的小花

花色

●西洋白菜花

●白花菜科　春播一年生草本植物　●花期　7～9月

●株高　80～150cm

●播种期　4月中旬～5月中旬

醉蝶花原产南美热带地区，芳姿优雅、能够在夏日长久绽放。

栽培要领

只要光照充足，醉蝶花便能够在任何土壤中茁壮成长。其播种要领与叶牡丹相同。本花不宜移栽，花种可直接播撒在花园中。当然，你也可以在不破坏植株根部土坨的前提下移栽花苗。醉蝶花的植株容易折倒，应为其添加支棍。基肥即可维系植株生长。可用相关药剂除去植株上的蚜虫。

醉蝶花

金鸡菊

自然播种的花种也能生成生命力顽强的花朵

花色

●金鸡菊　●菊科　一年生草本植物，宿根植物

●株高　20～120cm

●花期　5～9月

●播种期　3～4月，9月下旬～10月上旬

金鸡菊的重瓣品种

生有同心圆斑纹的金鸡菊是原产北美洲的一年生草本植物。花市上较为常见的品种是蛇母菊。

栽培要领

只要光照充足，金鸡菊便能够在任何土壤中茁壮成长。当然，若土壤的排水性好，金鸡菊就会生得更加健康美丽。植株根部易于暴露在外，因此此花适合与其他花卉混栽在一起。施肥仅需基肥，无特殊病虫害。勤摘花梗能延长金鸡菊的花期。

香豌豆

温情脉脉的豌豆花

花色

- 花豌豆
- 豆科 秋播一年生草本植物，宿根植物
- 株高 30～300cm
- 花期 5～6月
- 播种期 10月

Adriana

此花是原产地中海沿岸地区的藤蔓植物。其叶尖会卷翘上扬，应为其树立支棍。此花也有不爬藤的品种。

栽培要领

香豌豆宜栽种在向阳处，其播种要领与羽扇豆相同。此花不宜移栽，可将其直接播种在花园或养花箱中。花土以中弱碱性土壤为宜，可用石灰调配花土。播种后应为花种覆上一层厚土。基肥即可满足植株生长所需营养。施肥时氮肥不要过量。无特殊病虫害。

洋桔梗

名不副实的美国来客

花色

- 土耳其桔梗 草原龙胆 丽钵花
- 龙胆科 春播、秋播一年生草本植物
- 株高 25～100cm
- 花期 5～8月
- 播种期 3～4月，9月～10月

洋桔梗是原产北美洲中部地区的植物。

栽培要领

洋桔梗宜栽种在向阳处。由于此花不耐雨淋，因此应将之栽种在养花箱中。其播种要领与矮牵牛相同。植株在生长初期可多多浇水，但花茎长高后则应该控制水量。每10天可为处于生长期的植株施加一次草本植物用肥。本花不宜移栽，花种可直接播撒在花园中。当然，你也可以在不破坏植株根部土坨的前提下移栽花苗。潜叶蝇会侵害植株，发现后应及时喷药除虫。

单瓣花品种

夏堇

夏日花园中清冷的小花

花色

- 夏堇 蓝猪耳
- 玄参科 春播一年生草本植物
- 株高 20～30cm
- 花期 6～10月
- 播种期 4月中旬～5月

王冠·蓝色品种

夏堇是原产亚洲中南半岛的蓝猪耳与原产东南亚的藤蔓植物蝴蝶草杂交而生的花卉品种。花市上较为常见的是Summer wave。

栽培要领

夏堇适宜栽种在向阳处或光照良好的位置。应选择土质肥沃且排水性好的土壤做花土。植株会越长越大，栽种时应保留一定株距，播种方法与矮牵牛相同。夏堇喜热，宜在室内养护，也可以待天暖之后再播种。每10天可为植株施加一次草本植物用液体化肥。

黑种草

纤弱花朵与壮硕果实的妙趣组合

花色

●黑种草
●毛茛科　秋播一年生草本植物
●株高　50～100cm　●花期　5月中旬～6月
●播种期　9～10月

波斯宝石

原产地中海地区的黑种草近年来也衍生出了重瓣品种。此花的植株和果实有剧毒，不可食用。

栽培要领

黑种草适宜栽种在向阳处或光照良好的位置。应选择排水性好的土壤做花土。但此花不喜酸性土壤，可用石灰调配花土的酸碱度。此花不宜移栽，花种可直接播撒在花园中。当然也可以在不破坏植株根部土坨的前提下移栽花苗。其播种要领与三色堇相同。播种后需为花种覆上一层厚土。基肥即可满足植株生长所需营养。无特殊病虫害。

烟草

依次绽放的可爱花朵

花色

●烟草　●茄科　春播一年生草本植物
●株高　30～80cm
●花期　5月中旬～9月
●播种期　3月下旬～4月上旬

原产南美洲的烟草也有花色为白绿色的品种。

栽培要领

烟草适宜栽种在向阳处。烟草的花朵会被雨水打坏，应将之栽种在养花箱中。花土应具有排水性好、土质肥沃的特性。养护时不要让植株缺水。花谢后剪去残枝，烟草就能再次开花。此花易发连作障碍，因此不要用栽种过茄科植物的旧土内栽种。其播种要领与矮牵牛相同。除了基肥，还可为植株施加液体化肥。无特殊病虫害。

多米诺·红色品种

日日草

不畏酷暑、欣欣向荣的小花

花色

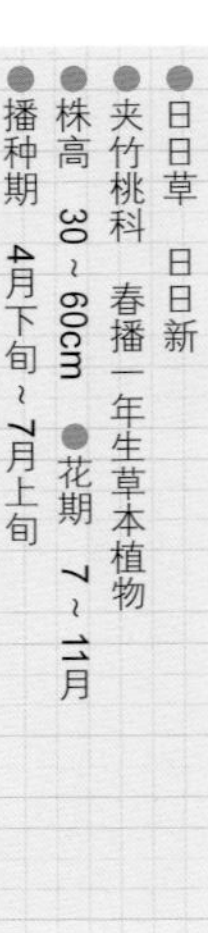
●日日草　日日新
●夹竹桃科　春播一年生草本植物
●株高　30～60cm　●花期　7～11月
●播种期　4月下旬～7月上旬

原产马达加斯加岛的日日草现已繁衍出了很多品种。

栽培要领

日日草适宜栽种在向阳处。花土应具有排水性好、土质肥沃的特性。其播种要领与三色堇相同。播种后需为花种覆上一层厚土。种子只有在高温环境下才能发芽，可在初夏或室内播种养护。移栽时要注意保持根部土坨的完整性。除了基肥，还可为植株施加液体化肥。此花无特殊病虫害。养护时需为其创造干爽的生长环境。

Pacifica·杏色品种

银边翠

夏季花园中冷色调的白叶片

叶色 ● 斑 锦

- 高山积雪　象牙白
- 大戟科　春播一年生草本植物
- 株高　60～80cm　●观赏期　7～9月
- 播种期　4月下旬～5月

生有凉意习习的白色花苞和叶片的银边翠是原产北美洲、中美洲的植物。

栽培要领

银边翠适宜栽种在向阳处。花土应具有排水性好、土质肥沃的特性。其播种要领与叶牡丹相同。此花不宜移栽，可直接栽种在花园中。开枝散叶后的银边翠十分美丽，但由于植株较为脆弱，可为其树立支棍。氮肥过量会影响叶色，因此只可在花苗期施加。银边翠无特殊病虫害。

银边翠

凤仙花

可染红指甲的怀旧之花

花色 ● ● ○

- 指甲花
- 凤仙花科　春播一年生草本植物
- 株高　20～60cm　●花期　6～9月
- 播种期　4～5月

原产于印度北部的凤仙花既有单瓣品种，也有重瓣品种。

栽培要领

只要水分充足，凤仙花可以生长在任何土质的土壤中。当然，肥沃的花土和充足的阳光能让凤仙花的花朵变得更加美丽丰硕。其播种要领与叶牡丹相同。此花不宜移栽，可直接栽种在花园中。基肥即可满足植株生长所需营养。凤仙花虽无特殊病虫害，但偶尔也会出现白粉病，滋生红蜘蛛。

凤仙花

松叶牡丹

不畏酷暑的常开夏花

花色 ● ● ○ ● ●

- 太阳花　日照草
- 马齿苋科　春播一年生草本植物
- 株高　30cm以下　●花期　7～8月
- 播种期　5月

宝石（单瓣品种）

栽培要领

松叶牡丹只有在强烈的日光照射、高温环境中才能绽放，因此必须将之栽种在向阳处。其播种要领与矮牵牛相同。种子只有在高温环境下才能发芽，可在初夏或室内播种养护。也可以用插芽法繁育新株。基肥即可满足植株生长所需营养。松叶牡丹虽无特殊病虫害，但其生长环境不可过于潮湿。

花色

可将夏季花园装点得明艳亮丽的菊花

皇帝菊

●黄金万两 ●菊科 春播一年生草本植物
●株高 15～40cm
●花期 5月中旬～10月
●播种期 3月中旬～5月中旬

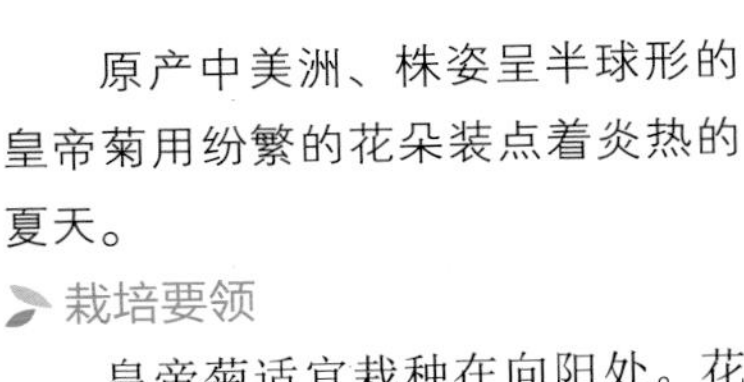

皇帝菊

原产中美洲、株姿呈半球形的皇帝菊用纷繁的花朵装点着炎热的夏天。

栽培要领

皇帝菊适宜栽种在向阳处。花土应具有排水性好、土质肥沃的特性。

此花不耐旱，夏季应及时浇水。其播种要领与三色堇相同。除了基肥，还可为植株施加草本植物用液体化肥。盛夏时，此花易生红蜘蛛，可对症下药进行驱虫。

花色

纤细的叶片与红色的花朵相得益彰

茑萝松

●茑萝 五角星花 ●旋花亚科 春播一年生草本植物
●株高 1～2cm
●花期 6～9月
●播种期 5月中旬～6月上旬

茑萝松是原产热带美洲的藤蔓植物。叶片圆润的圆叶茑萝松、枫叶形状的羽衣茑萝松以及花色为黄色的近缘品种都是本花的衍生品种。

栽培要领

茑萝松适宜栽种在向阳处。其栽培方法与朝颜相同。生命力顽强的此花藤蔓纤细坚韧，可为其树立攀爬架供其生长。其播种要领与羽扇豆相同。基肥即可满足植株生长所需营养。无特殊病虫害。

茑萝松

花色

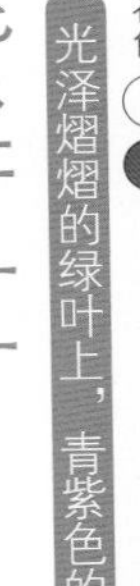

光泽熠熠的绿叶上，青紫色的花朵分外可爱

紫芳草

●紫星花 ●龙胆科 春播一年生草本植物
●株高 15～20cm
●花期 8～10月
●播种期 4月下旬～5月上旬

紫芳草

常见的紫芳草是原产于阿拉伯半岛索科特拉岛的草本花卉。

栽培要领

紫芳草虽然适合栽种在向阳处，但夏季时要把它放在通风良好的背阴处养护。花土需具有排水性良好的特性。紫芳草不喜潮湿的生长环境。其播种要领与矮牵牛相同。此花不耐移栽，移栽时需保持其根部土坨的完整性。除了基肥，还可为植株施加草本植物用液体化肥。常见病害有立枯病和灰霉病。喷洒相关药剂可防治立枯病；勤摘残花可预防灰霉病。

紫茉莉

夜色中芬芳美丽的夏花

花色

●粉豆花　胭脂花
●紫茉莉科　春播一年生草本植物
●株高　60～100cm　●花期　7～10月
●播种期　5月中旬～6月上旬

紫茉莉

原产中南美洲的紫茉莉是在幕府时期传入日本的。它芬芳美丽的花朵只开一天就会凋谢，且多在傍晚时分绽放。紫茉莉的花色非常丰富。

栽培要领

紫茉莉喜光向阳。此花生命力顽强，在任何土质的土壤中都能生长。其播种要领与羽扇豆相同。可将之进行地栽或栽种在大型养花箱中。在气候温暖的地区，此花是可以过冬的多年生草本植物。基肥即可满足植株生长所需营养。无特殊病虫害。

凤尾鸡冠花

花色、花形的日渐丰富给人们带来了无限快乐

花色

●鸡冠头　鸡公花　●苋科　春播一年生草本植物
●株高　20～200cm
●花期　7月中旬～10月中旬
●播种期　5～6月中旬

凤尾鸡冠花是原产热带亚洲的园艺花卉。秋季，此花的叶片非常美丽。

栽培要领

凤尾鸡冠花适宜栽种在向阳处。花土应具有排水性好、土质肥沃的特性。其播种要领与三色堇相同，播种后要为花种覆上一层厚土。花种只有在高温环境下才能发芽，因此天气转暖时才能播种。此花不耐移栽，可将之直接播种在花园中。基肥即可满足植株生长所需营养。无特殊病虫害。

Gelana（羽毛鸡头）

五彩椒

赏心悦目的五彩辣椒

花色

●五彩椒　●茄科　春播一年生草本植物
●株高　20～100cm
●观赏期　8～10月
●播种期　4月下旬～5月中旬

五彩椒

五彩椒是原产南美洲的观赏花卉，可栽种在养花箱和花园中供人观赏。

栽培要领

五彩椒适宜栽种在向阳处。花土应具有排水性好、土质肥沃的特性。其播种要领与三色堇相同。五彩椒的生长环境不宜过湿，植株生出4～5片真叶时方可移栽。五彩椒不必像食用辣椒一样多施化肥，只需在基肥的基础上适当追肥即可。五彩椒有连作障碍，不要用栽种过茄科的陈土栽种。

一二年生草本植物的养护方法

一二年生草本植物的养护多从播种开始。播种期时节，园艺店的货架上就会摆满琳琅满目的花种供人挑选。此外，我们还可以通过网购等方式购买花种。花种比花苗易于邮寄。“海淘”国外的稀有花种还能培育出珍稀美丽的花朵来。

1. 播种

此类草本花卉按播种期大致可分为3月末～4月初播种的春播型品种，和在夜间温度低于20℃的秋季播种的秋播型品种。

易于拿捏的大粒花种可用点播法播种，不宜拿捏的细小花种则可考虑在育苗盘、育苗箱及泥炭土育苗盒中按土垄均匀播种。保持株距有利于幼苗的健康成长。

2. 移栽

当花苗生长出若干枚真叶时，即可考虑移栽。可在3号加仑盆中栽种一株花苗，再精心呵护花苗成长。若此时将花苗栽种在花园或花盆中，则花苗的根须无法抓牢花土。应等花苗与花园中的其他植株等大时，再将之移栽入花园。

3. 定栽

移栽花苗时不要让其根须暴露在空气中，移栽手法要巧妙妥当。可参考植株长大后的大小设定株距。为了让植株根部的土坨与定栽点的土壤融为一体，可在给植株浇水后再将花土压实。

4. 采种

为预防病害，花谢后应及时摘除花梗。但你若想采集花种则应保留花梗。在采集容易散落或形体过小的花种时，可将花梗剪掉，阴干后收集。

大粒花种的播种要领① ——在加仑盆中点播

1 在3号加仑盆中填入小颗粒赤玉土和改良土、泥炭苔各占一半。再挖一个深1cm的土洞。

2 把花种放入土洞，再为之覆土。浇水既可从上方缓速慢浇，也可从盆底浸润花土。

3 将加仑盆放置在半日阴的环境中，保持花土的湿度。当花种发芽后，可让花苗渐进式地接受光照。浇水如常。

4 留下一棵好苗在盆中，移除其他花苗。此时，可给花苗施加液体化肥。通过摘心促进植株生长。

大粒花种的播种要领②

——在泥炭苔中播种

把泥炭苔填入7号育苗块中。让育苗块充分吸水，再在其中间掏一个土洞。

在土洞中播撒几粒花种。若花种过小，则可先折纸一张，再让花种顺着折痕滑入土洞。

需要覆土的花种可用土洞周边的花土覆盖，也可用泥炭苔、土覆盖。覆土后应轻轻按实花土。

发芽之前应保证花土的湿度。可将育苗块放置在盛水的托盘中，让水从育苗块底部浸润花土。

育苗块中含有供花苗生长的养分，因此不必额外施肥。可为花苗竖起一根支棍。

当花苗生出白色根须时，可进行移栽。留下一棵好苗，移除其他花苗。

移栽后可将基肥放在花盆边缘做缓释肥料为植株补充成长所需营养。再给植株多多浇水。

重新树立支棍，供植株爬藤。再给支棍贴上标签就大功告成了！不伤害植株根须的移栽才是成功的移栽。

图为用上述方法在不伤根须的前提下移栽。当植株生出真叶时方可考虑定栽。

小粒花种的播种要领①——在育苗盘中播种

在育苗盘中填入同38页的花土。可先折纸一张，再让花种顺着折痕均匀等距地播撒在花土上。

如花种需要覆土，则可为其覆上一层薄土。如花种发芽需要充足的阳光，则不必覆土。

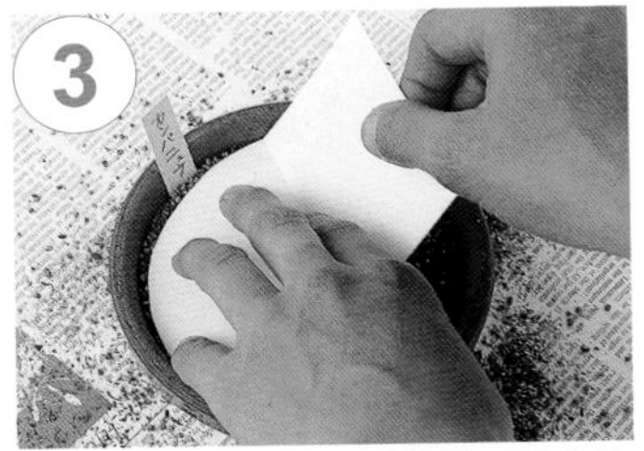

若用手指按压花种，则花种可能会沾到手指上。可覆纸于花盆上，再隔纸按压、固定花种。

为促使花种发芽，可将育苗盘浸放在盛水托盘中。这种供水方式不会让花种在育苗盘中移位，也会避免从上方浇水时花种顺水流出育苗盘。

发芽后浇水如常即可。若花苗丛生在一处，可用镊子增大株距。此时需使花苗接受充足的阳光照射。

当育苗盘中长满花苗时，可将花苗连同根部土坨一同移出，再小心地将花苗一株一株地分离开来。

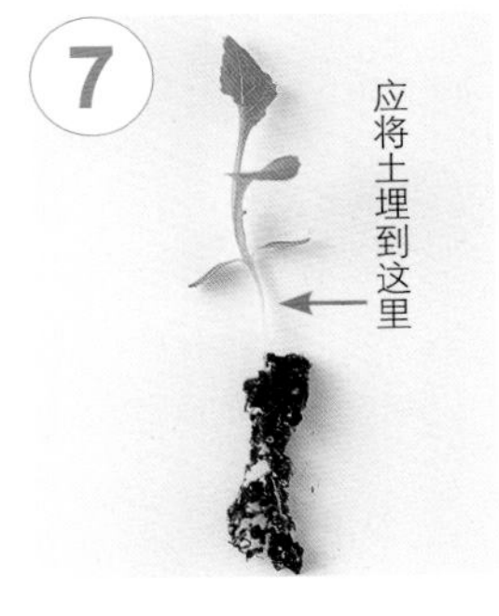

图为生有若干子叶和真叶的花苗。移栽时应将子叶下方的白色部分埋入花土。

可用2.5～3号加仑盆做移栽。在花苗的株高不足10cm之前，都可在加仑盆中养护。

轻轻地挤压加仑盆取出花苗，再取下花盆底部的防护网。应尽快将花苗移栽入花园或花盆。

若将花苗移栽在6号以上的加仑盆时，可先在盆中填入大粒土，再把花苗栽种在花盆中间。在花盆边缘放好基肥之后，给花苗多多浇水。

当花盆内的生长空间不足时，可将植株移栽进更大的花盆中养护。移栽时不要弄碎植株根部土坨，要将之移栽在花盆中央。

为让花土与根部土坨融为一体，可用木棍插入花土进行压实。浇水要浇到水从花盆底部流出为止。

小粒花种的播种要领②

——在泥炭土育苗盒中播种

1

泥炭土育苗盒里有压缩过的泥炭土。可撕开育苗盒的一角，让水渗透泥炭土。之后再把花种播撒在泥炭土上。

2

若花苗丛生一处，可揉碎花土取出花苗，再小心仔细地将花苗一株一株地分离开来。

3

分离花苗时不要扯坏它的根须。分离作业完成后，便可获得大批花苗。

4

在便于操作的育苗托盘（育苗穴盘）中填入花土，准备移栽花苗。

5

可用镊子辅助移栽。要将花苗栽种在育苗托盘的中央，栽种作业完成后再给花苗浇水。

6

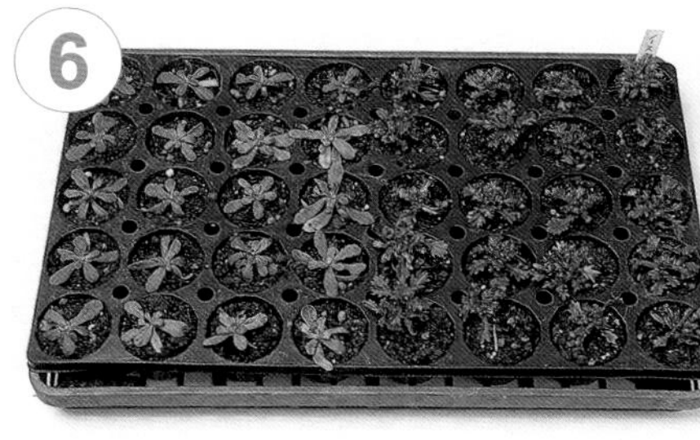

当花苗生出真叶、根须盘错时，可挤压育苗盘底部的花土取出花苗。取苗时不要破坏花苗根部的土坨。

7

在3号加仑盆中填入花土，栽种花苗。浇水不要过猛过急。随后在花土中插入花苗名签。可用这种方法栽种所有花种。

8

植株在开花之前均可养护在加仑盆中，之后便可定栽于花园中。

花苗移栽要领① ——往养花箱中移栽

先把生长着花苗的加仑盆摆在花园中找准摆位。之后，在花土中埋入缓释肥料，再用花铲挖出移栽用土洞。

土洞应为植株根部土坨的1.5倍大。把植株移出加仑盆，埋入土洞，覆土填坑。

植株根部的土坨要与花园周边土壤等高。按实花土与土坨，使二者融为一体。

4

应将花苗由远及近、一株株栽入花园。不要提前将花苗从加仑盆中移出，应边移边栽。

花苗移栽要领② ——往花园中移栽

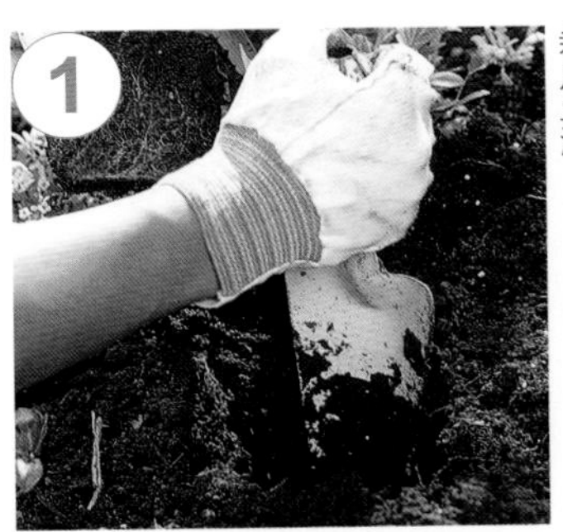

先把生长着花苗的加仑盆摆在花园中找准摆位。之后，在花土中埋入缓释肥料，再用花铲挖出移栽用土洞。

土洞应为植株根部土坨的1.5倍大。把植株移出加仑盆，埋入土洞，覆土填坑。

植株根部的土坨要与花园周边土壤等高。按实花土与土坨，使二者融为一体。

应将花苗由远及近、一株株栽入花园。不要提前将花苗从加仑盆中移出，应边移边栽。

辨别花苗品质的方法

好苗

好花苗的根须会均匀地遍布土坨，且无黑色腐烂迹象。健康的根须是白色的。

若根须过密，则可从土坨底部轻轻地分开根须和土坨。

分根会促进植株在新土壤中生出新根须，并能更加茁壮地生长。

坏苗

坏花苗的根部几乎没有白色的根须。

用手指探入土坨底部。若土坨呈中空状态，则表明植株根须长势欠佳。这样的植株地上部分的长势也不旺盛。

摘除花梗

在打理皇帝菊等开满小花的植物时，可亲手摘除花梗。在花梗下方拔除花冠即可。

若是花茎坚硬难折，可用锋利的园艺剪刀将其剪断。修剪时不要碰伤其他茎叶。

生有花序的植株可待花谢后剪去花茎。这样植株便会从下方生出侧枝。

花籽只有吸取植株的营养才能成熟，打理时不要只摘除花瓣。

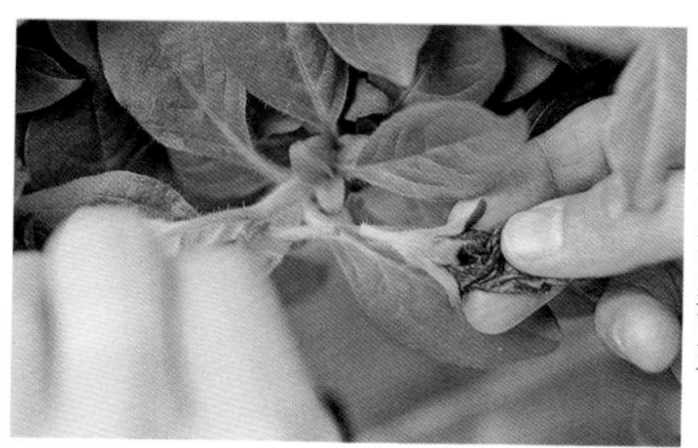

花梗是指花茎以上的部分。勤摘花梗不仅能提升植株的可观性，还能预防病虫害。

宿根植物

栽种后一劳永逸的宿根植物是装饰花园的主力军。即便不去悉心呵护，宿根植物也能生得枝繁叶茂。应季顺时绽放、株姿美丽动人的宿根植物会让你明白什么才是真正的“岁月静好”。

多年生草本植物是指寿命超过两年的草本植物。在此类植物中，冬季地上部分枯萎，地下部分“冬眠”的植物是“宿根植物”。现在，人们把所有的多年生草本植物都视为宿根植物。

而球根植物、仙人掌类植物、多肉植物、洋兰、观叶植物（包括木质化植物）、温室植物（非耐寒性多年生草本植物中需加温养护的植物）虽然也是多年生草本植物，但园艺学上却并不把它们划归为宿根植物，而是让它们各立门户，视作别类。

种类

●落叶宿根植物（多年生草本植物）

此类植物在冬季时虽然叶片会枯萎，但其地下的花根却安然无恙。此类植物非常耐寒，且有不经一番寒彻骨，不得芬芳春满园的特性。很多温带品种即便植株枯萎，其由地上部分和低下部分组成的休眠芽也会养精蓄锐地为下一阶段的生长做好充分的准备。此类植物也是狭义范畴的宿根植物。

●常绿宿根植物（多年生草本植物）

这是在冬季也不落叶、无落叶期的观叶植物。在宿根植物中，此类植物的很多品种都被人们用做地被和药材、食材，是狭义范畴的多年生草本植物。

特征

●无需打理

宿根植物会由地下茎或分蘖的方式萌发新芽。此外，宿根植物还有用子株繁殖的品种。宿根植物一经播种，无需打理也能生长数年，且能年年开花。

●易于繁殖

宿根植物当然也可以用播种法进行繁育，但分株繁殖法或分离子株的繁殖方法效率更高。

●颇具质感

不同品种的植物在长大后的株体大小也不同。大多数宿根植物都会生得很高大，占地面积颇广。几株宿根植物就能把大片土地装扮得春色盎然，充满质感。因此，栽种宿根植物可谓是经济实惠的最佳选择。而且，花期之外的它们也很有存在感。

养护要点

宿根植物虽然可以用播种法进行培育，但大多数人都是从购买花苗开始培育的。栽种后的 2 ～ 3 年内，宿根植物无需打理亦能活色生香。可将生长过大的植株从土中挖出用分株法进行分离，老株还

成列的爱丽丝

●落叶宿根植物

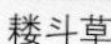
耧斗草

落新妇

菊花

●常绿宿根植物

圣诞蔷薇

松叶菊

丛生福禄考

可以用于扦插。

由于宿根植物的生长期较长，所以除施加基肥和追肥以外，还可以通过换土、仔细地耕耘土表改善土质，促进植株生长。

不同品种的生长程度也不同。种植时应认真确认株距。株距过密虽然能让植株在生长初期呈现出一片欣欣向荣的样态，但后期却必须进行增大株距的移栽作业。这样做不仅费时费力，还会增加养花成本。

有些宿根植物的长势异常旺盛，栽种时有必要给它们划分出“专区”，免得被它们抢占过多的“土地资源”。

观赏方法

●复得返自然

宿根植物会审天时（阳光的光照强度）度地势（土地的面积大小）地改换株姿。因此，它们会将庭院点缀得天真烂漫、生机勃勃。栽种在广袤的大地上比栽种在花园里更容易让宿根植物担负起知春报春的使命。

崇尚自然也要适度。若任由宿根植物“野蛮生长”，那么花园就会因缺乏管理而看起来杂乱无章。栽种宿根植物必须限定其生长区域，并充分考虑它们与其他植物的所占比重。

●美化大地

宿根植物最宜栽种在不能搭建花园的斜坡和墙壁上。若你在不起眼的墙角种下一株宿根植物，那么要不了多久你就能领略到它“化腐朽为神奇”的力量了。即便在寂寞肃杀的寒冬，常绿宿根植物也能傲雪而立。可以根据宿根植物在不同季节的样态有计划地进行栽种。

●妥善修剪

虽说宿根植物的花期较为短促，但这反而更能体现出鲜明的季节感。摘除花梗会让植株生长得更加茁壮，花朵绽放得更加艳丽。修剪有助于延长花期，增加结花数，让花朵变得更大更美。

●盆栽要“渐入佳境”

把宿根植物一次性地栽种在大花盆中无益于其根须生长。应根据植株的大小选择花盆，让植株逐渐成长。

做混栽则要根据植株长成的时期选择品种，在保证株距的前提下进行栽种。

花色

绽放在冬春之际的高雅大气的花卉

圣诞蔷薇

●冬蔷薇　黑鹿食草　四旬玫瑰　●毛茛科，铁筷子属　耐寒性多年生草本植物
●株高　30～80cm　●花期　12至次年4月
●移栽期　10月中旬～11月中旬

芳姿绰约、芳名浪漫的圣诞蔷薇因为它花冠向下带来的那“一低头的温柔”，博取了广大花友的欢心。圣诞蔷薇的花期在冬春之际，其渐变的花色和较长的花期为它赢得了较高的人气。

近年来，随着圣诞蔷薇的人气一路走高，花店里能够看到的原生品种和改良品种也越来越多。其纷繁的花形和多彩的花色十分赏心悦目。

人们把铁筷子属的花卉统称为圣诞蔷薇。圣诞蔷薇可分为有茎品种和花梗较长的无茎品种。比如，黑嚏根草和东方嚏根草都是无茎品种。

楚楚动人、花瓣为单瓣白色的黑嚏根草在绽放时其花色会渐变成粉红色。

其实，圣诞蔷薇的英文名就叫黑嚏根草（Helleborus niger）。但不知从何时开始，人们用“圣诞蔷薇”这个名字命名了该花卉的整个科属。

圣诞蔷薇

西藏铁筷子

重瓣嚏根草

东方嚏根草

圆叶嚏根草

hellebores atrorubens

东方嚏根草·H. orientalis guttatus

花市上较为常见的是东方嚏根草的改良品种（杂交品种）。此花的英文名叫Lenten Rose。此花的变种非常丰富，常见的品种有单瓣、重瓣、半重瓣等品种。而且，此花的花色很是多彩，有十分罕见的绿色品种和黑色品种。另外，此花还有花瓣为双色的品种和生有斑锦名为Spot的品种。这种花较之黑嚏根草更加华美，2～4月是它的花期。

栽培要领

圣诞蔷薇在原产地大多生长在落叶树树下。树叶飘落时，圣诞蔷薇便会沐浴到充足的阳光。而其他时期，树荫可为圣诞蔷薇提供阴凉舒适的生长环境。入夏后，圣诞蔷薇多为半休眠状态。

所有圣诞蔷薇的生命力都非常顽强。其抗病害能力较强，既可地栽也能盆栽。圣诞蔷薇具有较强的耐旱性，凛冽的北风不会让它屈服，天寒地冻反而能让它展现出别样的风采。不过，圣诞蔷薇不喜欢夏季湿热的气候和毒辣的阳光。

可以将圣诞蔷薇栽种在半日阴处的花园边缘，或离赏花人较近的位置，也可以将之栽种在石头垒砌的花园中任由其自然生长。上述栽种方法都能凸显出圣诞蔷薇的存在感。

若你将圣诞蔷薇栽种在花盆里，则可以将花盆摆放在较高的位置，这样便于你观赏它下垂的花冠。这样的观花方法亦可以展现圣诞蔷薇的华贵气质。

重瓣品种

圣诞蔷薇

杂交品种

▶ 花苗、植株的选购 可选购秋季发芽的2年生花苗或即将绽放的植株进行培育。也可以购买在冬季发芽开花的品种进行培育。好花苗应具备如下特征：叶柄宽阔、叶片光亮、根基壮士、长势良好。

▶ 移栽要领 地栽可将圣诞蔷薇栽种在落叶树的下方。夏季要为其做好遮阳措施，保证其生长环境通风顺畅。应选富含有机质、保水性和排水性均佳的土壤做花土。移栽之前，应将 $20L/m^2$ 的堆肥和少许缓释肥料拌入花土。

盆栽时，为防植株夏季烂根，应将其栽种在透气性和排水性良好的花土中。花盆要比植株根部土坨大上一圈，且具有一定深度。移栽后要给植株多多浇水。花市上出售的圣诞蔷薇的根须会遍布花土，若让植株以这样的状态迎接夏天，那么植株就会因为花土的保水性较差而香消玉殒。

如果条件允许的话，应为盆栽的圣诞蔷薇每年换一只比去年大上一圈的花盆。10月既是圣诞蔷薇的生长期，也是移栽期。

▶ 施肥要领 圣诞蔷薇几乎不需要施肥。10月份时给地栽、盆栽的圣诞蔷薇施加一次缓释肥料做基肥就可以了。如需追肥，则可每10天为其施加一次磷酸成分较多的液体化肥。注意，施加这样的肥料后就不要再浇水了。若将颗粒化肥放置在植株周边，则必须保证其肥效在入夏之前能够完全发挥掉。因此，最后的施肥时间应为3月份。

入夏后，圣诞蔷薇便进入了半休眠状态。此时不宜为其施肥。

▶ 浇水要领 花土表层干燥时可以给植株多多浇水。若生长期缺水，则花期的花朵就会稍显瘦小。湿热的夏季要严防植株烂根，浇水不能过多，应为其创造一个干爽透气的生长环境。

▶ 叶片与花朵的养护要领 11～12月份，当植株生长出茂密的新叶时，应及时剪去受损的老枝。修剪会让花梗看上去更加整齐美观，提高圣诞蔷薇的观赏价值。但 Helleborus Foetidas 等有茎品种则不必修剪。

若不想采集花种，则可待花势渐衰时从根部开始剪去花梗。若根部已经生出了新叶，则修剪时要避开新叶。

▶ 分株要领 无论是地栽还是盆栽的圣诞蔷薇都应每2～3年进行一次分株。若放任植株自由生长，则植株就会因为株过高或生长过密而影响开花。9月中旬至10月末，植株的地下部分会萌生新芽，为了促进植株成长，可在此时进行分株作业。

挖取植株时，要在不伤花根的前提下除去根须上的泥土。轻柔地分开纠缠在一起的根须，从叶片入手将植株一分为二，再用剪刀从分离处剪开花根。

▶ 盆栽养护要领 从秋季到次年春季，应让圣诞蔷薇沐浴充足的阳光。夏季为了让花朵免遭烈日荼毒，可将其挪移至半日阴处。

花盆之间也要保持一定距离，可在花盆下边铺垫铺道板，为其创造通风性良好的生长环境。另外，不要把花盆直接摆放在地面，可将其摆在花架上。这样可让圣诞蔷薇在雨天免遭泥水玷污，有效预防病虫害。

齿叶嚏根草

欧洲报春花

守在窗边期盼春来的美丽小花

花色

●西洋樱草 ●报春花科 耐寒性多年生草本植物，春播一年生草本植物
●株高 4～40cm ●花期 10月至次年4月中旬
●播种期 4～6月

欧洲报春花（Primula）的拉丁语义作“第一”讲。花如其名，欧洲报春花在园艺店或起居室的窗台上总是第一个向人们报知春天的到来。

报春花属有500多个原生品种，花市上常见的4个品种为多花报春、朱利安（二年生）、报春花、四季报春。这四种花的养护方法稍有不同，选种时应事先确认花种，再下单购买。

栽培要领

多花报春分为短花茎品种和在粗长的花茎上方开花的品种。由于此类花卉长势旺盛，若任由其恣意生长，则其根须很快就会遍布盆土，影响后期的结花数。因此，可以将之栽种在比其根部土坨大上一圈的花盆里，并将其养护在室温不超过25℃、日照较好的环境中。多花报春本是能够在2℃～3℃的低温环境中生长的耐寒性植物。但花市上出售的已经开花的多花报春却不耐严寒，它所能接受的最低气温为5℃。

朱利安是由多花报春杂交而成的园艺品种。除了其花茎较多、花朵略小外，其他特征均与前者相同。所以，二者的养护方法也是一样的。

二年生报春花是长有数只花茎和段状小型花的品种。此花的大小、颜色、种类都非常丰富，例如有生有同心圆花纹和半重瓣的品种。此花是欧洲报春花中最喜光向阳的品种，应将之摆放在日照良好的窗台上。此花可耐0℃低温，却无法在高温环境下生长。若气温高于20℃，可将其放置在阴凉处养护。由于此花在日本很难越夏，所以本书将之划归为一年生草本植物。

不畏酷暑的四季报春能够长期开花。由于它具有较强的耐阴性，所以可以将之放在光线较弱的室内养护。此花不耐寒，冬季不要将它“拒之门外”。

欧洲报春花的汁液可能会让部分人出现过敏反应，在摘除残花败叶、切除花茎时一定要格外小心。

高穗花报春

球花报春

朱利安小春樱

▶ **摆放位置** 可将欧洲报春花摆放在阳光明媚的窗台上。光照不足会让花、叶黯然失色。应每过几天就转动一次花盆，让植株均匀地接受光照。

▶ **施肥要领** 移栽时可将缓释肥料作为基肥拌入花土。此后，可每月都在植株边缘施一次缓释肥料。也可以每7～10天为植株施加一次液体化肥。若叶片肥大、颜色过深则表明氮肥过量，反之则表明氮肥不足。

▶ **浇水要领** 欧洲报春花在养护时不可缺水。当花土表层干燥时，则需多多浇水。冬季只可在温度较高时浇水。

不要把水浇到花或叶片上，盆栽时应在护好花叶的前提下为植株填土。若在花、叶密集的中心部分浇水，则会引发植株腐烂。浇水一定要注意技巧。

▶ **冬季养护要领** 冬季养护时，室温不可

富士荣耀

多花报春

多花报春　F_1 超级螺旋

四季报春　阿格尼丝（上）阿哈特（下）

超过 20℃，温室中的气温也不可过高。若夜间温度能保持在 2℃～3℃以上，欧洲报春花便能够过冬。若想让花芽长势更好，则需让其在室温为 5℃的环境中沐浴阳光。在白昼气温上升，夜晚气温并不算低的 3 月份，室内养护的盆栽欧洲报春花也可迁移至室外养护。但是，若室外气温低于 5℃，则不宜将之放在室外。

▶ **病害防治**　若不及时清除残花败叶，植株就会感染灰霉病。可在浇水时顺手为植株“清理门户”。

菊花

花期悠长的高洁秋花

花色

●菊花 ●菊科 宿根植物
●株高 25 ~ 120cm ●花期 5 月至次年 1 月
●栽种期 6 月中旬 ~ 7 月中旬

据说，原产中国的菊花是在奈良时期传入日本的。现在，园艺店中常见的是在欧洲改良过的洋菊花等园艺品种。不过，此类菊花和日本的传统品种并无太大区别。

园艺店中较为常见的切花菊并不是菊花的某个品种，而是指栽种在花盆中的菊花。它是由表示花盆的“pot”和表示菊花的“chrysanthemum”写在一起的合成词。最初，日本人用这一词语指代花茎生长缓慢、每茎一花的洋菊花。现在，日本人用它泛指所有栽种在花盆中的洋菊花。

菊花有很多品种。比如，5 ~ 7 月绽放的夏菊，12 月至次年 1 月绽放的寒菊等。若从品种占比上来看，还是秋菊的品种最为丰富。

栽培要领

洋菊花和传统菊花的基本养护方法都是一样的。即一定要让它们充分地沐浴阳光。光照不足会影响花色，严重时甚至会影响花苞的生长。本节以洋菊花为例，向你介绍菊花的养护方法。

培育过程中不可缺肥。要及时给菊花驱除蚜虫和红蜘蛛等害虫。

▶ **栽种・移栽方法** 用插芽法培育的植株大多可在 7 月份进行定栽。也可以直接购买开花株进行培育。

花市上出售的开花株多用小盆栽种，但这样的花盆易使植株缺水，建议将植株移栽到比原盆略大一圈的花盆中。移栽时务必保证根部土坨的完整。

两年后，既可用等大的花盆继续养护，也可以将菊花栽种在稍大一圈的花盆中。若你不希望菊花长得过大，也可以在移栽时给植株做分株处理。

菊花的花期约为 2 个月。花谢后，可从花茎根部减掉残枝。

▶ **摆放位置** 菊花多在日照充足的室外养护，不宜连续多日在室内养护。

圣骑士

Kirin Garden

小型菊花的一个品种

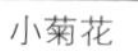
小菊花

cherry

风车菊

菊花生长到第2年6月萌发花芽时，夜间不要让它被光线照射到。冬季，菊花在背阴处也能存活。

若生长环境过于潮湿，则菊花易感染白粉病，应为菊花创造一个通风良好的生长环境。

▶ **施肥要领** 可将缓释肥料作为基肥给菊花补充养分。养护时不要断肥，应为花期中的菊花每月施加2～3次液体化肥。第二年以后，可在3～4月时为菊花施加缓释肥料作为菊花生长期提供营养的基肥。

▶ **浇水要领** 盆栽菊花的花土表层干燥时，可将水浇到从盆底排水孔流出来为止。花期的菊花需水量大，养护时切不可缺水。冬季也应该为盆栽菊花每月浇水2～3次。

▶ **修剪要领** 花市上出售的多是人为抑制植株生长、做矮化处理的菊花。两年过后，这些菊花便会自然生长，希望继续控制生长，则可以在4月末至5月初剪掉植株早春时发出的新芽，这样就能控制植株的长势。若你希望让菊花长得再玲珑小巧一些，可在7月之前再次为其摘心。可以剪取生有3～4枚叶片的花枝用插芽法培育新苗。插芽法宜在5～6月进行。生长在半日阴环境下的花芽3周之后即可生根。

大菊花（粉葵）

进入12月后，菊花的地上部分就会枯萎。可把花枝从根部减掉（茎长可保留2～3cm），以便预防病虫害对植株的侵袭。

花色

庭院中英姿勃发的宿根植物

洋苏草

●洋苏草 绯衣草 ●唇形科 宿根植物（常绿灌木），春播一年生草本植物
●株高 30～200cm ●花期 4月中旬～12月
●播种期 4月中旬～5月

覆有绒毛的紫花墨西哥洋苏草，红唇般诱人的红花绯衣草，花序长于50cm的鼠尾草（superba）都是洋苏草家族的成员。各品种的株高和大小各不相同，高性种可栽种在路旁花园的深处，矮性种可以栽种在离赏花人较近的位置。只有做到“物尽其用”，才能让洋苏草把花园装点得美轮美奂。

“鼠尾草”本是具有药用价值的芦荀（officinalis）的别名，但人们多用它来命名所有的洋苏草。而像分药花这种本非洋苏草类的植物只因为其英文叫法与洋苏草相似，所以常被人们误认为是洋苏草。

splendens torchlight

栽培要领

多数洋苏草均为耐寒性或半耐寒性的宿根植物。若养护得当，则此花每年都会开花。能在日本过冬的洋苏草被称为“宿根洋苏草”。但原产巴西的绯衣草却被划归为一年生草本植物。

根据花期的不同，洋苏草大致可分为春至初夏开放的品种；盛夏至秋季开放的品种和在白昼较短的秋季也能开花的品种。

所有洋苏草的养护方法都非常简单。由于本花的抗病害能力和耐湿热性较强，所以它们在日本也能生长的很好。若把三个种类的洋苏草都栽种在花园里，那么它们美丽的芳姿就可以长期装扮花园。

▶ **播种要领** 先均匀撒播种用土，再轻轻按压花土使之能够充分吸收从底部浸透上来的水分。洋苏草的种子只有在气温达到20℃时才能发芽，因此可在室内进行育苗。一周之后花种就会发芽，当花苗生长出两枚真叶时，即可将之移栽入花盆中养护。

▶ **移栽要领** 日照不足会导致植株徒长、株姿变形、结花较少。因此，应将洋苏草栽种在光照充足、通风顺畅的位置。洋苏草非常耐旱却不喜潮湿，应将其栽种在排水性好，用堆肥或腐叶土搅拌而成的富含有机质的花土中。

地栽要领与盆栽相同。洋苏草的长势十分旺盛。盆栽时不要让植株根须生长过密。

▶ **日常管理要领** 若非天气持续干旱，则不必为地栽的洋苏草浇水。盆栽养护时，要待盆土表层干燥后再一次性把水浇透。

地栽洋苏草不必施肥，盆栽花则可每月施肥一次。若植株长势欠佳，则可追加液体化肥。剪掉开过花的残枝，植株就会生出侧芽并再次开花。可根据洋苏草的不同特征有针对性地为之摘心、修剪、增加株距，这些作业会让洋苏草变得更加美丽。

▶ **冬季养护要领** 冬季，植株越高大的洋苏草其地上部分就越易枯萎。晚秋时节，可在保留茎长20cm的基础上剪去花茎。之后用保温膜覆盖植株，做好防寒措施。即便洋苏草的地上部分略有损伤，只要花根完好，那么转过年来洋苏草便会“春风吹又生”。应将洋苏草的不耐寒品种移栽至花盆过冬。可将花盆摆放在室内或走廊。若是植株过大不方便移栽，则可考虑用插芽法在冬季培育花苗，栽培新株。

冬季也不能给洋苏草断水。要根据土壤的干燥度为植株每两周浇水一次。略微潮湿的花土最适合洋苏草生长。

▶ **插芽法育苗要领** 从侧芽的芽端下数 2 ～ 3 节，剪取枝芽，摘除下方叶片。剪下一段 15 ～ 20cm 的花茎浸泡在水中，不出多久花茎就能生根。可用潮湿的改良土做花土。需将栽种花苗的花盆摆放在户外的半日阴处进行养护，浇水要在清晨进行，使花土保持湿润。洋苏草只有在气温高于 10℃时才能生根。生根后，可将花苗移至光照充足的室内养护。

蓝色鼠尾草

深蓝鼠尾草

红花鼠尾草

修容绯衣草

秋海棠

品种多多，观赏乐趣多多的宿根植物

花色

●秋海棠 ●秋海棠科 非耐寒性多年生草本植物，春播一年生草本植物
●株高 15～200cm ●花期 4～11月
●播种期 4月中旬～5月中旬

秋海棠科植物大多生长在热带地区。此类植物种类繁多，拥有众多园艺品种。

●竹茎类秋海棠

此类秋海棠花茎直立、表皮会出现木质化现象。可根据株姿分为高性矢竹型、直立丛生型、少分枝、茎部多肉型和藤蔓型品种。也可以按照花期分为一季开花的品种和四季花开的品种。

●四季秋海棠

此类秋海棠是在南美洲原生品种的基础上繁育而成的品种。只要气温适宜，此类秋海棠便能四季花开。常见品种有叶片亮泽充满质感或呈紫褐色的品种、Felieeds 和 Charm 等叶片上生有斑纹的品种。形形色色的叶片也是四季秋海棠的一大看点。

●根茎秋海棠

在热带、亚热带森林中野生的根茎秋海棠拥有上千个品种。随着根茎的生长，此类秋海棠能长成很大一片。人们把为观叶而改良的杂交种群称为尖蕊秋海棠。

●球根秋海棠

生有球根的球根秋海棠到了冬季就会进入休眠状态。此类秋海棠品种繁多且大多花朵硕大华美。原产于安第斯山脉的球根秋海棠在经由改良之后培育出了极其华美的球根秋海棠；阿拉伯半岛南部、索科特拉岛的索科特拉秋海棠和葡萄叶秋海棠经杂交后培育出在冬季绽放，适宜在圣诞节期间出售的盆栽秋海棠。

●丽格海棠

丽格海棠是由索科特拉秋海棠和球根秋海棠杂交而成的品种。丽格海棠较为常见的是由德国育种家培育的抗病害能力强且具有耐热性的品种。我们几乎随时都能在花市上买到怒放的盆栽丽格海棠。

四季秋海棠

Orange Rubra（竹茎类秋海棠）

Love Me（冬季开花的秋海棠）

栽培要领

春播一年生草本植物四季秋海棠虽然可以栽入花园，但此类花卉多数时候都是以盆栽的形式在室内养护的。球根秋海棠的栽培要领请见 92 页。

▶ **移栽要领**　在移栽盆栽秋海棠时，要为其准备用松软且排水性好的花土，例如泥炭土、改良土、赤玉土等各种等量土壤调配而成的花土。秋海棠在生长时虽然需要充足的水分，但却不喜潮湿的土壤环境。因此，可以用素陶盆栽种秋海棠。花土土表干燥时即可浇水，不要让盆内积水闷潮。若室内空气过于干燥，则可用喷雾器增加空气湿度。应根据秋海棠各品种的特性将它们摆放在不同的位置。比如，根茎秋海棠应摆放在半日阴处，四季秋海

Sutherlandii（球根秋海棠）

尖蕊秋海棠

丽格海棠“Ilona 系列·Netja Dark”

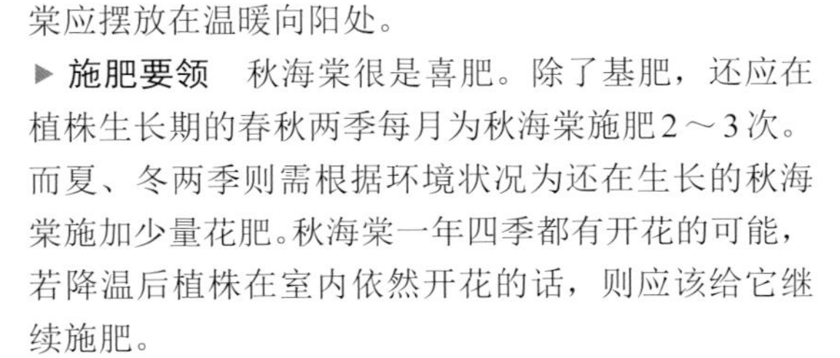

棠应摆放在温暖向阳处。

▶ **施肥要领**　秋海棠很是喜肥。除了基肥，还应在植株生长期的春秋两季每月为秋海棠施肥2～3次。而夏、冬两季则需根据环境状况为还在生长的秋海棠施加少量花肥。秋海棠一年四季都有开花的可能，若降温后植株在室内依然开花的话，则应该给它继续施肥。

▶ **修剪要领**　茎叶徒长有碍株姿美观，适度的修剪能让秋海棠保持风采。若在秋季给秋海棠做大幅度修剪，则可用插芽法使其以花苗的形态安然过冬。

可用剪刀利落地修剪插穗的切口，摘除下叶，再将插穗插入清洁的改良土中。花苗可在10℃以上的室内过冬，天气转暖后即可移栽。

四季秋海棠也有播种繁育的品种。

▶ **病害防治**　可对症下药地为秋海棠驱除蚜虫、预防白粉病。勤摘残花败叶可防范灰霉病。若你发现跗线螨造成的白色碎点，可剪除病害处，再喷洒驱虫剂。

Caianthe Kozu 的一个品种

钩距虾脊兰

大黄花虾脊兰

花色

虾脊兰

与西式园林风格相配的日本野生兰花

●虾脊兰 ●兰科 耐寒性多年生草本植物

●株高 30～50cm ●花期 4～5月

●移栽期 4～5月

除了人工培育的品种，虾脊兰还有很多自然杂交孕育出的品种。过去，只有部分虾脊兰发烧友才会去采集虾脊兰的花种。现今，人工培育促进了品种改良，花市上物美价廉的虾脊兰品种也越来越多。

在春季绽放的风情万种的虾脊兰不仅与日式庭园相配，也能与西式园林融为一体，为其增光添彩。

栽培要领

虾脊兰本是生长在日本山野的野生植物。在夏季气温不超过40℃，冬季没有严寒天气的地区，可将虾脊兰栽种在室外露天养护。

若将花色和株高略有差异的虾脊兰混栽在一起，花园中便可呈现出渐变式的美感。

▶ **移栽要领** 应将虾脊兰栽种在夏季相对凉爽且日照充足的位置。虾脊兰不耐旱，养护时应使其避免遭到阳光直射，也不要让它被夕阳的余晖灼伤。移栽的植株在生根之前一定不能断水。虾脊兰在地栽时不择土质，盆栽时则需要专用花土。可将虾脊兰栽种在较深的素陶盆中。

给虾脊兰施肥不可过量。地栽时无需施肥；盆栽则需在早春时为植株施加几次液体化肥补充营养。

▶ **花谢后的护理要领** 为了让虾脊兰在次年也能开花，应在花谢之后拔出花茎。另外，可将花芽接触到花盆边缘的植株和盘根错节的植株在这一时期进行移栽或分株处理。

▶ **冬季养护要领** 不要让冬季的寒风吹伤盆栽的虾脊兰，也不要因为浇水而伤到花根。应在温度较高的上午浇水。若气温过低，则可在向阳处的地面挖一个洞，将虾脊兰连盆一起埋进洞中，之后再为之盖上一层稻草。这样，虾脊兰在积雪下也能过冬。

玉簪花

美丽的叶片把阴暗的角落修饰得欣欣向荣

花色 ○●

●白鹤花　玉春棒　●百合科　耐寒性多年生草本植物
●株高　10～90cm　●花期　6～8月
●移栽期　3月

玉簪花是原产中日等亚洲国家的宿根花卉。自古以来，玉簪花便被人们视作林下杂草、盆栽花草。玉簪花的英文名为“Hosta”，西方人非常喜爱它们，欧美诸国还改良了玉簪花的品种，又将培育出的新品种出口到了日本。

6～8月时，玉簪花便会绽放优雅的白色、淡紫色小花。但比起花朵，人们更喜欢它的叶片。

种类繁多的玉簪花拥有丰富的叶色、叶形。它的叶色有青灰色、橙绿色、黄色，还有生有斑点或带镶边的黄白双色等多种颜色。玉簪花可根据植株大小分为大、中、小三个类别，既可以栽种在西式园林中，也可以栽种在日式园林中。修饰庭院边角、点缀背阴处、作为地被美化庭院……玉簪花能在各种场合大显身手、独领风骚。而且，玉簪花是打造遮阴花园时必不可少的主要素材。

栽培要领

生命力顽强的玉簪花具有较强的耐阴性，只要土壤湿润，那么玉簪花无论在哪里都能生长得很好。玉簪花不是常绿植物，晚秋时其地上部分就会枯萎。不过，转过年来它就又欣欣向荣了。

▶ 移栽要领　玉簪花适合栽种在半日阴或能被光照射到的背阴处。因此，最好将之栽种在落叶树树下富含有机质且湿润的土壤中。要避免植株遭阳光直射，否则叶片就会被烈日灼伤。栽种时不要将玉簪花根埋得太深。应在栽种前深耕花土。若能在花土中多加腐叶土和全熟堆肥，便不必再给植株施肥。不要给植株施加未熟有机物，否则植株会有烂根的可能。

▶ 日常管理要领　植株长大后，露在外边的根茎可能会被下叶所伤。可在玉簪花的发芽期或晚秋时节为之覆土或覆盖保护层保护花根。除了地上部分枯萎的寒冬时节，玉簪花在其他时期均可以进行移栽或分株作业。

细叶品种

外侧带斑锦品种

美边玉簪（Hosta sieboldii）

Ringo·Dolly

枫叶天竺葵

盾叶天竺葵·mexicana

天竺葵

最适合栽种在窗台花箱和吊篮中的宿根花卉

●洋绣球、入腊红 ●牻牛儿苗科 非耐寒性，半耐寒性多年生草本植物
●株高 20～70cm ●花期 3～7月中旬，9月中旬～12月
●移栽期 4～5月

花色

天竺葵的花朵多为白色、红色、粉红色等暖色调。天竺葵可分为株高超过 50cm 的高性种和株高不足 20cm 的矮性种。此外，由于天竺的叶片有的生有斑纹，有的形如枫叶，所以它也因为叶片具有观赏价值而受到了花友们的喜爱。常春藤叶型的蔓性盾叶天竺葵、叶片带有香气的香叶天竺葵也是十分受人欢迎的品种。

栽培要领

天竺葵为半耐寒性植物。在气候温暖的地区，天竺葵在阳光明媚、不遭霜冻的屋檐下是可以过冬的。只要养护得当，我们便一年四季都能看见天竺葵美丽的花朵。天竺葵生命力极强，是新手也能养好的花。由于天竺葵较为耐旱，可将其摆放在窗台、阳台，或吊篮、墙壁上观赏。

可在春秋两季购买花苗或盆栽进行培育。也可以用播种的方式进行培育。

▶ **移栽要领** 天竺葵不喜潮湿的环境，应将其栽种在日照充足、通风顺畅的环境中，并且要给它准备排水性良好的花土。加入缓释肥料的赤玉土和泥炭土以 7:3 的比例调配好后可用来栽培天竺葵的花苗。为了增强土壤的排水性，应在盆底多放些石头。

可将天竺葵栽种在花盆或养花箱中，也可在全天光照充足、花土排水性良好的条件下考虑地栽。

▶ **日常管理要领** 天竺葵的花土最忌潮湿。应在花盆内的花土表层干燥后一次性把水浇透。冬季养护时也需要为植株创造一个干爽的生长环境。

天竺葵的春花凋零后，可在株高一半的位置剪去 1/3 的茎叶，这样植株就能在秋天再次开花。可每隔数月为植株施加少许缓释肥料。

非洲紫罗兰

可在室内养护、四季开花的盆栽女王

花色

●非洲堇 ●苦苣苔科 非耐寒性多年生草本植物
●株高 5～20cm ●花期 全年
●移栽期 3月

在室内非常容易养活的盆栽女王非洲紫罗兰是原产于非洲山地的野生花卉。在非洲的山岳丛林中，石灰岩上沉积的腐叶土就是非洲紫罗兰的存身之所。品种改良让花市上出现了数不胜数的园艺品种。这些品种大致可以分为生命力顽强的双色品种和单瓣品种。

栽培要领

非洲紫罗兰最适合在18℃～25℃的环境中生长。若能在其生长环境中保证一定的温度和湿度，那么非洲紫罗兰便能全年开花。若气温低于10℃，则植株就会停止生长；气温低于5℃，植株就会枯萎死亡。

▶ **移栽要领** 选苗时必须仔细观察花根与花土。若白色的根须能牢牢地抓住花土，则表明花苗很健康，不必移栽；若根须尖端为茶色，则必须移栽花苗。移栽时可将根须上的花土轻轻掸落，再剪掉根须，并在花土中撒上一些防烂根的硅酸盐白土。花土应选呈弱酸性的非洲紫罗兰专用土。

每两个月可为植株施加一次专用缓释肥料。每月可为植株施加1次液体化肥和植物活性液。

若日照不足，非洲紫罗兰便不会开花。但也不要让它被阳光直射，应使之每天隔帘沐浴3小时阳光。若没有沐浴阳光的条件，则可用育苗荧光灯照射植株12小时。

最好让非洲紫罗兰生长在空气湿度为50%～60%的环境中。

▶ **冬夏养护要领** 若早、午气温相差15℃，则植株的生长就会受到影响。要想让非洲紫罗兰在冬季开花，就必须使室温达到18℃以上。夏季的室温如果超过30℃，则植株叶片就会因闷热而变成茶色。可以开空调为之降温，但不要让空调的冷风直接吹向植株。

带镶边的品种

Summer Lightning（条纹品种）

Apple Blossom（重瓣品种）

花色

移栽之后每年都会绽放美丽花朵的坚强野花

箭叶淫羊藿

●箭叶淫羊藿 三枝九叶草 ●小檗科 耐寒性多年生草本植物

●株高 20～40cm ●花期 4～5月

●移栽期 9～10月

箭叶淫羊藿

日本全国各地的山林里都生有箭叶淫羊藿。箭叶淫羊藿会在春天抽出细如钢丝般的花梗，绽放精致可爱的小花。由于被8枚萼片包裹起来的4枚花瓣恰似船锚，所以日本人也称此花为“锚花”。

栽培要领

生命力顽强的箭叶淫羊藿极易养护。此花在花谢后会生出新叶，可分为冬季落叶休眠的品种和不落叶休眠的品种。可将箭叶淫羊藿栽种在不被夏季夕阳余晖照射的半日阴处。地栽时，可按照20L/㎡的比例为其施加全熟堆肥。盆栽时，可用山野草专用土进行培育。

箭叶淫羊藿不耐旱，养护时必须保证供水充足。此花从萌芽到开花都需多多浇水。冬季不休眠的品种在冬季也需浇水。

花色

开满花朵的植株华丽非凡

蓝眼菊

●非洲雏菊 ●菊科 半耐寒性多年生草本植物

●株高 30～40cm ●花期 4～6月

●移栽期 6月下旬～7月上旬，10月下旬～11月上旬

柠檬交响曲

花色丰富的蓝眼菊在外形上与异果菊极其相似，所以人们常将二者混为一谈。其实，蓝眼菊是一种不易结籽的菊花。

花冠直径长达4～5cm的花朵能够从春季一直开放到初夏。蓝眼菊只有在光照好时才会开花，若在阴雨天或夜晚等光照不足的环境下，蓝眼菊的花朵就会自然闭合。

栽培要领

蓝眼菊喜光向阳、不耐潮湿，宜栽种在排水性良好的花土中。盆栽时可将花盆摆放在不宜被雨水淋湿的位置，这样会让植株长得更加健壮，花朵也会生得格外美丽。

蓝眼菊会如同接力一般不断地开花。花谢后，可从枝条分叉处摘除残花，再剪去长约1/3的花茎，9～10月时再剪去1/3的花茎。冬季时要给蓝眼菊做好保暖措施。

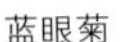

蓝眼菊

康乃馨

能在花盆、花园轻松养护的宿根植物

花色

●荷兰石竹　●石竹科　半耐寒性多年生草本植物
●株高　15～120cm　●花期　4～6月中旬，9月中旬～11月
●移栽期　4～5月

红色康乃馨

蒙德里安

原产于欧洲南部的康乃馨是自罗马时期起就为人所爱的宿根花卉。康乃馨可按花茎上的花朵大小和数目分为大花香石竹和散枝香石竹两类。康乃馨还有高性种、矮性种和芳香品种，其花色也十分丰富。

栽培要领

康乃馨按照花期可分为花朵在春季至初夏期间绽放的一季开花品种和剪掉残花能在秋季再次绽放的四季开花品种。大多数的康乃馨均为半耐寒性多年生草本植物。与石竹杂交的园艺品种由于耐寒性较强，也是一款超有人气的品种。

康乃馨不喜欢高温潮湿的环境，应栽种在日照充足、通风顺畅的位置，选择排水性良好的土壤作为花土。要勤摘花梗，定期施肥。施肥需根据康乃馨的品种有针对性地做选择。秋冬两季不要给康乃馨浇水过多。

大花天竺葵

能在室外观赏的华美盆栽花

花色

●家天竺葵　●牻牛儿苗科　非耐寒性多年生草本植物
●株高　20～180cm　●花期　3月中旬～6月
●移栽期　9月中旬～10月

阿兹特克（Aztec）

春夏两季，大花天竺葵会在挺拔的花茎上绽放华丽的花朵。此花为大花型，一季开花的品种。

栽培要领

若气温低于5℃，大花天竺葵就会枯萎死亡。此花不可淋雨，应栽种在花盆中于室内养护。在春夏秋三季，可将喜光向阳的大花天竺葵摆放在室外或窗台等光照充足的位置养护。冬季应将之摆放在室内向阳的窗台。大花天竺葵耐旱畏潮，应将之栽种在透气性强、排水性好的花土中。

此花极易烂根，浇水不可过量。花期的大花天竺葵十分脆弱，切忌令其淋雨。浇水时不要淋湿花瓣。花谢后需勤摘花梗。为使大花天竺葵在来年也能多多开花，可剪去一半花茎进行养护。减掉的花茎还可以通过插芽法来培育新苗。

Morning Glory

令人备感亲切的宿根植物

花色 ●●○○

玛格丽特花

●木茼蒿 木春菊 ●菊科 半耐寒性多年生草本植物
●株高 20～120cm ●花期 12月至次年6月
●移栽期 5～9月

玛格丽特花

除了花容清秀的单瓣白花，玛格丽特花还有粉红色、黄色以及花瓣外圈平直、中心突起的品种和重瓣品种。此花生命力顽强易于养护，花茎大部分木质化。若将其栽入花园，那么它就会回馈你一片烂漫的花田。玛格丽特花也常作为混栽素材而广受花友们喜爱。

黄色白日梦

栽培要领

应将玛格丽特花栽种在日照充足、通风顺畅的位置。应选择排水性良好的土壤作为花土。如能满足上述条件，植株就会多多开花。但是，氮肥施加过量会使花期延迟，影响结花数。移栽时若能给玛格丽特花施加缓释肥料，后期就不必再追肥。

蚜虫会使花苞萎缩，花期无花。因此，花谢后需勤摘花梗。9月时将植株保留到10cm，将其他部分剪去。

做好保暖措施即可长期观赏的宿根植物

花色 ○

黄金菊

●菊科 半耐寒性多年生草本植物
●株高 30～100cm ●花期 11月至次年5月中旬
●移栽期 9月

黄金菊

晚秋至晚春时节是形似玛格丽特花的黄金菊的花期。羽状分裂的灰色叶片与花的鲜明对比是此花的魅力所在。

栽培要领

黄金菊以盆栽为主。若能做好保暖措施，在气候温暖地区的地栽黄金菊也能过冬。

应将黄金菊栽种在日照充足的位置。可在排水性良好的沃土中加入缓释肥料作为基肥满足植株生长所需养分。光照不足会使株姿凌乱、花色减退。

摘心2～3次可以促进侧枝发育，让株姿变得更加周正。花期时需为植株施加充足的花肥。为使植株多次开花，可剪去1/2的残枝。蚜虫是黄金菊的天敌，发现后应及时除虫。

重瓣品种

桃花品种

落新妇

花色

花冠华美轻盈的宿根花卉

●小升麻 ●虎耳草科 宿根植物 ●株高 30～120cm
●花期 5月中旬～9月中旬
●移栽期 3～4月上旬，9月下旬～10月上旬

初夏至初秋时节是落新妇的花期。落新妇的花茎顶端生有泡沫一样小巧的圆锥形花序，其花色为白色、粉红色。此花的高性种株高超过80cm，矮性种只有30cm。无论是西式园林还是和式庭院，魅力独特的落新妇均能将庭院点缀得熠熠生辉。花园边缘是落新妇展现风姿的绝佳位置。

栽培要领

落新妇是中日两国原生植物经杂交衍生出的宿根花卉。由于其适应环境的能力较强，所以在日本也能生长得很好。

落新妇在背阴处以外的位置都能生长得很好。花土以排水性、保水性均好且富含有机质的土壤为宜。

落新妇喜肥畏旱，养护时不要缺水少肥。地栽时要覆盖好花根，以防干燥。落新妇不喜欢夏季的高温潮湿。为使植株通风顺畅，可增加叶片的间距。春秋两季可用分株法繁育新苗。

白花品种

蓝星花

花色

花朵接连绽放，适宜栽种在吊盆中的多年生草本植物

●蓝星花 ●旋花科 非耐寒性多年生草本植物
●株高 20～60cm ●花期 5月中旬～10月
●移栽期 4～5月

淡雅的蓝色花朵朝开夕落。花朵接连绽放的蓝星花在初夏至秋季尽展芳华。半蔓性的蓝星花会大面积地扩散生长，因此适合栽种在吊篮中观赏。

栽培要领

地栽时，叶片背面的泥污会诱发病虫害，养护时要多加小心。应选富含有机质、排水性好的土壤做花土。宜栽种在日照充足的位置。

气温超过15℃时，蓝星花才会开花。较为耐热的蓝星花不宜生长在潮湿的环境中，否则就会烂根。但缺水也会让叶片枯萎卷曲，应在花土表层干燥时为其多多浇水。

蓝星花

可为花期中的蓝星花每周施加一次液体化肥。植株只有在高于5℃的环境中才能生长，冬季应把蓝星花摆放在室内的窗边。可将剪下的长茎插入改良土中，待长茎生出新叶时即可移栽花苗。

蓝星花

耧斗菜

适宜栽种在花园中观赏的别致花卉

花色

●猫爪花 ●毛茛科 宿根植物
●株高 10 ~ 90cm ●花期 5 ~ 6月
●播种期 10月至次年3月

深山耧斗菜

劳拉耧斗菜（Nora Barlow）

耧斗菜常见品种分为日本自生的深山耧斗菜和原产欧洲的欧洲耧斗菜等两大类。人们把近年新增加的园艺品种也统称为耧斗菜。耧斗菜含蓄内敛的花容与日式庭园很是搭调。若能根据花色进行群栽，你就会拥有一个美丽的花园。

栽培要领

耐寒的耧斗菜不喜高温潮湿的夏季，也不喜被阳光直射。劳拉耧斗菜的生命力相对要顽强一些。

可将耧斗菜栽种在落叶树下，也可在夏季将之移动至阴凉处养护。需为其创造通风顺畅的生长环境，并用腐叶土调配花土。

若花土过于干燥，则植株易生红蜘蛛。生长了数年的耧斗菜长势会逐渐衰弱，但植株会结生很多花籽，可用花籽繁育新一代的耧斗菜。

非洲菊

株姿端庄的切花好素材

花色

●大丁草花 非洲雏菊 ●菊科 半耐寒性多年生草本植物
●株高 15 ~ 80cm ●花期 4月中旬 ~ 10月中旬
●移栽期 3月，9月

迷你非洲菊

花色丰富的非洲菊是原产南非的宿根花卉。非洲菊花形多样，有单瓣品种、半单瓣品种和重瓣品种。此外，非洲菊还有花冠直径超过10cm的大花型品种和花冠直径只有5 ~ 6cm的小花型品种。日本培育出的矮性种迷你非洲菊具有生命力顽强、花苞多等特征，非常适合盆栽。

栽培要领

非洲菊喜欢沐浴阳光，适宜在干爽的环境中生长。夏季植株长势相对较弱，秋季则会再次开花。

适宜栽种在日照充足、通风顺畅的位置。应选择排水性良好的土壤作为花土。地栽时要为其高拢花土，增大株距。

给非洲菊浇水不宜过量。浇水时要避开植株的花、叶，并使花土表层保持干爽状态。植株在梅雨时节或高温潮湿的夏季容易出现烂根现象，可将盆栽花移动至不被雨淋到的干燥处养护。冬季，非洲菊可在室内过冬。

迷你非洲菊

勋章菊

闪耀着南非阳光的太阳之花

花色

●勋章花 ●菊科 多年生草本植物

●株高 20～30cm ●花期 5～10月

●播种期 3～4月，9月下旬～10月上旬

勋章菊

勋章菊有黄色、橙色、红色、粉红色等多种鲜艳的花色，还有花瓣上生有条纹或同心圆的品种。勋章菊叶片的表面翠绿光滑，背面犹如傅粉般美丽动人。

栽培要领

勋章菊的花朵会在阳光下灿然怒放，在阴雨天或夜晚自然闭合。不喜潮湿的勋章菊需栽种在日照充足、通风顺畅的位置。应选择排水性良好的土壤作为花土。夏季不要让勋章菊受到夕阳余晖的炙烤，冬季不要让它遭受严霜摧残。

勋章菊适宜在干爽的环境中生长，浇水必须适量。给花期中的植株每月施肥一次便可延长花期。花谢后可剪除花茎。梅雨季节应修剪花枝，给植株创造通风顺畅的生长环境。冬季可在花根上铺盖防护层，使植株免遭霜冻。

勋章菊

老鹳草

对自然风情的最佳诠释

花色

●风露草 ●牻牛儿苗科 宿根植物

●株高 10～60cm ●花期 4月中旬～7月中旬

●播种期 3月

生长在草地和河滩的老鹳草是天竺葵的一个品种。日本虽然把此类老鹳草视为山间野草，但从欧美等国引进的新品种也被人们栽种到了花园和花盆中。老鹳草郁郁葱葱的叶片和娇艳欲滴的花朵十分惹人注目。

栽培要领

可根据不同品种的特性合理栽种，将株高较矮的老鹳草栽种在玫瑰花旁作为陪衬；半蔓性品种可作地被美化环境；植株较高的品种可以栽种在路边花园，为之增添情趣。

老鹳草既可以栽种在向阳处也可以栽种在半日阴处。花土应具备良好的排水性与透气性。老鹳草的根须长势十分旺盛，可先在春季进行盆栽。

不喜高温潮湿的老鹳草只有在花土表层干燥时才可浇水。夏季应将盆栽花放在通风顺畅的位置养护。若光照较强，需为其准备遮阳措施。

黎明风露草

花冠硕大的花境主角

花色

毛地黄

●洋地黄 ●玄参科 耐寒性多年生草本植物
●株高 40～150cm ●花期 5～7月
●播种期 5～6月，9月

毛地黄

毛地黄是原产欧洲的大型多年生草本植物。在长达1个月的花期中，毛地黄的花朵会从下到上依次绽放。

栽培要领

毛地黄既可栽种在阳光明媚处，也可栽种在半日阴处。花土应具备良好的排水性。此花既不喜欢被夏日骄阳直射，也不喜欢湿气较重的熏风。应先在土壤中加入堆肥再深耕花土。浇水必须适量，否则会导致植株出现徒长现象。毛地黄的花茎较为脆弱，应为其创造干爽的生长环境。花落之后可以剪掉残枝，这样会促使花枝再生，再次绽放美丽的花朵。

毛地黄经多年生长后，长势会日渐衰弱。可购买新苗重新培育。花苗在移栽的次年就能开花。若用播种法培育，则需等植株生长2～3年才能看见它美丽的花朵。不过，播种培育的方法倒也不难操作。

植株高大的毛地黄适合地栽。若无条件，也可将之栽种在养花箱或大号花盆中。

挺拔的株姿将庭院装点得繁花似锦

花色

德国鸢尾

●德国鸢尾 ●鸢尾科 宿根植物
●株高 60～90cm ●花期 5月中旬～6月上旬
●移栽期 6月，9月

香根鸢尾

德国鸢尾即便是单枝独开，也能展现出其强大的存在感。此花花容优雅，既可以栽种在西式园林，也可以栽种在和式庭院。

栽培要领

每一朵德国鸢尾花的寿命虽然只有一天，但因其花苞是依次绽放的，所以花期的总时长还是比较长的。生命力旺盛的德国鸢尾有着较强的耐寒性，它在无防寒措施的条件下也能过冬。可将之栽种在大型养花箱中进行观赏。

如若光照充足，德国鸢尾在任何土质的土壤中都能生长得很好。不过，若能将之栽种在排水性好、土质呈弱碱性的土壤中，德国鸢尾的花朵就会生得更加艳丽动人。栽种时要适当浅植，根茎顶部与地面平齐即可。深植易使植株烂根。

施肥切忌过量。早春时可为植株施加缓释肥料，花谢后可再次追肥。此花不喜连作栽培。应每隔几年在没有栽种过鸢尾科植物的花土中培育新株。

Black as Night

芳姿优雅的花园主角

翠雀

●鸽子花 百部草 ●毛茛科 宿根植物，秋播一年生草本植物
●株高 25～100cm ●花期 5月中旬～8月
●播种期 9～10月

花色

翠雀是原产欧洲、修长的花序上开满白色、蓝色花朵的高人气宿根花卉。翠雀的主要品种有：重瓣大花型的高性种太平洋巨人；形似野草的单瓣高性种丽花组；适宜在养花箱中栽种的矮性种。

栽培要领

翠雀不喜湿热的生长环境。由于翠雀很难在日本关东地区以西的气候炎热地区越夏，所以也被视为一年生草本植物。

应将翠雀栽种在日照充足、通风顺畅处养护。应选择排水性良好的弱碱性土壤作为花土。直根性的翠雀不宜移栽，应谨慎选择栽种位置。

花茎长高后需为其树立支棍。花期时需保证水分充足，花期以外的时期需为植株创造干爽的生长环境。花谢后剪去残枝，便能使翠雀再度开花。

翠雀

丽花组品种之一

吊篮与混栽中的主要素材

百可花

●百可花 ●玄参科 半耐寒性多年生草本植物
●株高 5～15cm ●花期 4月中旬～11月中旬
●移栽期 3～4月

花色

铺散在地面的花茎恣意伸展，小巧的叶片间星星点点地露出可爱的小花。原产南非的百可花自 1990 年来到日本后，便成为了吊篮与混栽的必备素材。

栽培要领

生命力强大的百可花花期长、结花多，可爱的花朵可陪伴赏花人度过春夏秋三季。

百可花适合生长在有一定湿度的弱酸性土壤中。虽然百可花在阳光充足的环境下能够茁壮成长，但在半日阴处也能生得很好。

缺水少肥会影响植株结花。可在春秋两季为百可花施加液体化肥。

雪花

若株姿凌乱或在梅雨季节出现闷潮现象，可以通过大幅度修剪使植株恢复健康。夏季时需为植株遮阳避光，不要让植株遭受阳光的炙烤。若室外气温低于5℃，可将百可花搬回室内养护。

超级棉花糖

花色

结花多、适合做地被的宿根植物

马齿苋

●马齿苋　长命菜　●马齿苋科　半耐寒性多年生草本植物

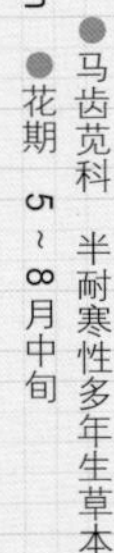

●株高　20～30cm　●花期　5～8月中旬

●移栽期　5～7月

马齿苋

马齿苋白色、粉红色、橙色、红色、黄色的各色花朵在遮掩住花茎的同时也把大地装扮得五彩缤纷。攀缘性的马齿苋最适合做地被栽种，但盆栽也能展现它特有的风采。单色花朵固然明丽动人，若能将各色花朵栽种在一起就能织就一片华艳的花毯。

魔术师（重瓣品种）

马齿苋的花朵会在阳光下灿然怒放，在阴雨天自然闭合。此花多肉质的叶片具有强大的蓄水能力，所以不畏日晒。

栽培要领

应栽种在日照充足的位置，选择排水性良好的土壤作花土。马齿苋为攀缘性植物，株距应保持在20～30cm。

马齿苋性喜干爽的生长环境，花土不可过于潮湿。施肥不可过量。马齿苋不耐严寒，只有在气温超过12℃时才能过冬。由于此花不易结籽，可用插芽法进行繁育。

花色

易与其他植物混栽的『合群』小花

蓝费利菊

●蓝雏菊　●菊科　常绿多年生草本植物

●株高　20～60cm　●花期　4～10月

●移栽期　4月

生有斑纹的品种

原产南非的蓝费利菊紫色花瓣清爽可爱，其叶片上生有斑纹，是超有人气的混栽素材。

栽培要领

蓝费利菊在日照充足的环境中会多多结花。此花既不耐热，也不耐寒。夏季的高温酷暑会影响结花数量。

应将蓝费利菊栽种在日照充足、通风顺畅的位置。此花不喜富含有机质的土壤。为防烂根，应将其栽种在排水性好的土壤中。盆栽时，可在花盆底部多放些石子，以便增强盆土的排水性与透气性。

应勤摘残花花梗。入夏前可剪去1/3的花茎，以便防暑通风。适度的修剪也能让蓝费利菊在秋季再次绽放。蓝费利菊只有在5℃以上的气温中才能过冬。虽然此花在日本被视为一年生草本植物，但也可用插枝法使其繁育新株。育苗作业宜在秋季进行。

蓝费利菊

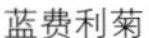

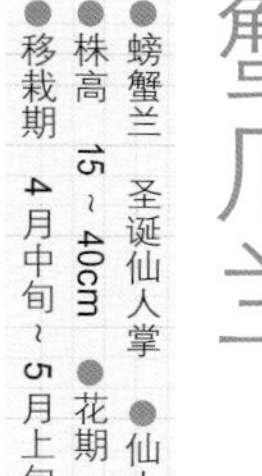

蟹爪兰

冬季观赏的清雅盆栽

花色

●螃蟹兰　圣诞仙人掌　●仙人掌科　多肉植物
●株高　15 ~ 40cm　●花期　11 月至次年 1 月
●移栽期　4 月中旬 ~ 5 月上旬

White Bell

蟹爪兰本是生长在巴西热带雨林中的仙人掌。此花生命力顽强，极易养护。蟹螯形叶片是蟹爪兰最为明显的特征。

栽培要领

可将蟹爪兰摆放在用蕾丝窗帘遮光的窗台上养护。不要让空调的暖风直吹植株。若室内空气较为干燥，应为其叶片喷水增加湿度。注意，环境若出现巨大的变化很可能导致花苞凋落。

Dark Marie

植株在花谢后会进入休眠期。可为处于休眠期的植株每月浇水 2 次左右。15℃～25℃的温度最适合蟹爪兰生长。4～8 月是蟹爪兰的生长期。4 月时，可将盆栽花移至日照长达半天的户外位置养护。夏季应将盆栽花挪移至半日阴处。蟹爪兰属于临界日长不足 12 小时才能分化花芽的短日照植物，9 月时应在天黑之后将之摆放在户外养护。

秋牡丹

在半日阴环境中也能生长的秋花代表

花色

●秋牡丹　贵船菊　●毛茛科　宿根植物
●株高　50 ~ 150cm　●花期　9 月中旬 ~ 10 月
●移栽期　3 月

戴安娜

秋牡丹是原产中国的毛茛科花卉。拥有粉红色、白色等柔和花色的秋牡丹是日本的经典秋花。秋明菊包括单瓣、半重瓣、重瓣等品种。但广为人知的是欧洲人改良出来的单瓣园艺品种。

栽培要领

若将秋牡丹培育得亭亭玉立自然很是风雅。不过，此花也有很多适合栽种在花盆中的矮性种。冬季，残留下来的莲座形小叶片等地上部分会枯萎死亡。第二年春天，可用分株法将根茎上萌发出的新芽用来繁育新株。

秋牡丹适合在潮湿的半日阴环境中生长。应选富含有机质、排水性良好的土壤做花土。不要让夏季夕阳的余晖直晒植株，否则会影响植株开花。秋牡丹不能缺水，可通过覆盖花根保存水分。花期时一定不要让植株缺水。

白花品种

长寿花

窗台上养护的多肉植物

花色

●红弁庆 ●景天科 多肉植物 ●株高 20～80cm ●花期 3～5月 ●移栽期 5月

生命力顽强易于养护的长寿花可按花形分为4枚花瓣向上开放的品种和花朵形似吊钟的品种。

栽培要领

长寿花喜光向阳，具有较强的耐旱性，不适宜在过于潮湿的环境中生长。花土须有较好的排水性。浇水不要过多过频。

长寿花在气温为15℃～20℃的环境中才能生长。12月至次年5月时可将盆栽花摆放在室内窗台养护。6～11月可将盆栽花搬移至室外。长寿花是短日照植物，夜间不要让它见光。花谢后，可将花茎齐根剪断。可用插芽法繁育新株。

angel lamp

萼距花

花园、花盆两相宜

花色

●紫花满天星 ●千屈菜科 半耐寒性多年生草本植物，春播一年生草本植物 ●株高 30～50cm ●花期 3～11月 ●播种期 4～5月

日本人栽种的萼距花多指一年生草本植物紫花满天星。此类花卉的盆栽品种是墨西哥花柳。花色鲜红的萼距花很容易让人联想起鼠尾草。

栽培要领

冬季可将盆栽萼距花摆放在室内光照充足的窗台养护。养护时需注意水肥管理。若室温高于15℃，则此花冬季亦能绽放。应将栽种在花园中的萼距花于霜降之前移入花盆。若能做好防寒保暖措施，萼距花在室外也能过冬。

墨西哥花柳

针叶天蓝绣球

适合作地被栽种的纷繁花朵

花色

●丛生福禄考 ●花葱科 耐寒性多年生草本植物 ●株高 10cm ●花期 3～5月 ●移栽期 3月、10月

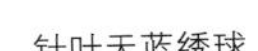

针叶天蓝绣球

匍地生长、花冠直径为1cm的针叶天蓝绣球在花季时，繁盛的花朵会将茎叶全部遮住，形成花海。

栽培要领

可将针叶天蓝绣球群栽在石头围墙边和枯山水庭院中。也可将之作为地被装饰花园。不能将此花栽种在排水性极差或潮湿闷热的环境中。应将之栽种在日照充足的位置，并选择排水性良好的土壤作为花土。这样针叶天蓝绣球就会生长得很好。生长多年的针叶天蓝绣球不易开花，可用插芽法繁育新株。

易于养护又芬芳美丽的宿根植物

铃兰

花色

●风铃草　君影草
●假叶树亚科（百合科）耐寒性多年生草本植物
●株高　20～30cm　●花期　4～5月
●移栽期　3月

德国铃兰

日本铃兰难耐夏季的酷暑高温，花市上出售的多为德国铃兰。德国铃兰是原产欧洲的长势旺盛的铃兰品种。

栽培要领

铃兰虽然给人一种喜阴的印象，但若想让植株茁壮成长就必须让它能够接受到半天的阳光照射。应选富含有机质的土壤做花土。浅栽有利于铃兰的地下茎生长得更加旺盛。为让铃兰在第二年也能绽放美丽的花朵，应及时剪去泛黄的叶片。可用分株法繁育新株。

脉脉含情地绽放在春野中的娇羞小花

紫罗兰

花色

●紫罗兰　●十字花科　耐寒性多年生草本植物
●株高　10～30cm
●花期　3～4月
●移栽期　4月

紫罗兰可分为无茎品种和有茎品种。日本有60多种野生紫罗兰，它们遍布在全国各地。紫罗兰在早春时萌芽，春季会绽放美丽的花朵。秋季，紫罗兰的地上部分会枯萎死亡。

栽培要领

可根据自生环境和日照情况对紫罗兰加以养护。除了基肥，还要在植株发芽后为其施加液体化肥和粒肥。紫罗兰在夏季也会枯萎，还有很多短命的品种。花谢之后必须通过移栽促进根须的生长。可从闭合的花朵中取出花籽作花种使用。

紫罗兰

金光灿灿的幸运之花

侧金盏花

花色

●冰凌花　●毛茛科　耐寒性多年生草本植物
●株高　10～30cm
●花期　1～4月
●移栽期　10月至次年2月

侧金盏花

农历正月开花的侧金盏花自古以来就被人们视为恭贺新春的好运之花。除了颇具代表性的单瓣黄花品种，侧金盏花还有重瓣品种和变异品种。此花在晚秋时节萌芽，梅雨季节到来之前，植株的地上部分就会枯萎死亡。

栽培要领

应选富含有机质的土壤做花土。若植株在花期来临前能够沐浴充足的光照，则其花色就会变得更加鲜艳美丽。侧金盏花宜在凉爽的环境中生长。夏季时应将其挪移至阴凉通风处养护，也可为其遮光养护。

百子莲

花色 适合栽种在花园中的青紫色宿根植物

●紫君子兰 ●石蒜科 百合科 宿根植物
●株高 30 ~ 100cm
●花期 6 ~ 7月
●移栽期 3月，9月下旬 ~ 10月上旬

百子莲挺拔的花茎上绽放的青紫色花朵十分引人注目。

栽培要领

株高 1m 的高性种适合栽种在庭院中，株高 40cm 的矮性种适合栽种在花园边缘或花盆中。最好将之栽种在日照充足的位置，并选择排水性良好的土壤作为花土。不过，由于此花适应环境能力较强，也可在非理想环境中生长。此花不耐高温干燥，盛夏时节应给花根做好保湿措施。若能每 4 ～ 5 年为植株分株一次，植株就会以良好的长势长期生长。

百子莲

桔梗

花色 洋溢着日式风情的纤弱小花

●桔梗 ●桔梗科 耐寒性多年生草本植物
●株高 40 ~ 100cm
●花期 6 ~ 8月
●移栽期 3 ~ 4月

桔梗是日本秋七草之一。花色青紫的桔梗是日本的自生品种。此外，桔梗还有双斑品种和大花型矮性种。

栽培要领

喜光向阳的桔梗在半日阴环境中也能生长得很好。需选择保水性好的弱酸性沃土做花土。养护时不要缺肥。花根干枯会导致植株衰弱，若被阳光直射则应为花根做好保湿措施。可从节上剪除花梗。

五月雨

芍药

花色 适合做切花的华硕花朵

●别离草 余容
●牡丹科 耐寒性多年生草本植物
●株高 50 ~ 80cm ●花期 5 ~ 6月
●移栽期 4月下旬 ~ 5月上旬，9月下旬 ~ 10月

Miss×haruto

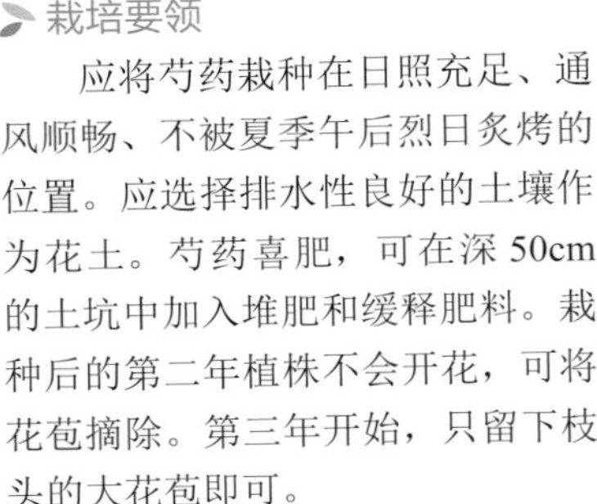

芍药既有几经改良的古代品种，也有从欧美等国家传入日本的改良品种。

栽培要领

应将芍药栽种在日照充足、通风顺畅、不被夏季午后烈日炙烤的位置。应选择排水性良好的土壤作为花土。芍药喜肥，可在深 50cm 的土坑中加入堆肥和缓释肥料。栽种后的第二年植株不会开花，可将花苞摘除。第三年开始，只留下枝头的大花苞即可。

百子莲 桔梗 芍药 萱草 穗花婆婆纳 五星花

萱草

萱草

花色

生命力旺盛、开花多多、形如百合的宿根植物

●金针菜 虎百合
●忘忧草科 百合科 宿根植物
●株高 30～150cm ●花期 6～8月
●移栽期 9月中旬～11月中旬

萱草的种类多种多样，既有矮性种也有多花性大花型品种。萱草花虽然朝开夕落，但由于它的花朵是依次绽放的，所以花期的总时长也很长。

栽培要领

最好将萱草栽种在向阳处，如不能半天的日照量也可以维持萱草生长。萱草既耐潮也耐旱，植株会长得很高大。萱草喜肥，除了基肥还要为植株在春季的萌芽期和秋季包含秋分在内的一周等时期为植株施加缓释肥料。萱草易受蚜虫侵害，应及早为其驱虫。

穗花婆婆纳

花色

紧密丛生的小花十分可爱

●穗花婆婆纳
●玄参科 多年生草本植物 ●株高 10～80cm
●花期 5月中旬～8月
●播种期 4月

穗花婆婆纳是原产欧洲和亚洲北部的宿根花卉。艳丽动人的紫色花朵紧凑地绽放在长5～15cm的总状花序上。穗花婆婆纳的园艺品种中还有花色为白色和粉红色的品种。

栽培要领

若日照不足，穗花婆婆纳就会徒长花序，开放颜色浅淡又羸弱的花朵。因此，应栽种在向阳处养护。穗花婆婆纳不甚喜肥。花土必须具备良好的排水性，否则植株在梅雨季节就会烂根。若根须纠结在一起，植株的长势就会衰弱。可在4月或10月进行分株。之后可在保持株距的情况下栽种新株。

穗花婆婆纳

五星花

花色

星星般的花朵是绝佳的混栽素材

●茑萝
●茜草科 半耐寒性多年生草本植物
●株高 30～130cm ●花期 6月下旬～11月
●移栽期 4～6月中旬

New Look·粉色品种

五星花是非洲热带的野生多年生草本植物。其聚伞花序上开放着花冠直径长达1～2cm的花朵。

栽培要领

五星花在夏季骄阳的炙烤下也能安然生长，日照不足反而会影响花朵质量。五星花不喜潮湿，养护时不要缺肥。应勤摘花梗。如果一串花序上的花朵凋零之后，可从枝头起下数两节剪去花序。这样，植株就会生出侧枝并再次开花。五星花只有在5℃以上的环境中才能过冬，冬季最好将其挪移至室内养护。

松叶菊

极其耐旱且适合装饰墙壁的宿根植物

花色

●美丽日中花
●番杏科　半耐寒性多年生草本植物
●株高　10～20cm　●花期　4～6月
●移栽期　4～5月

松叶菊光鲜的花朵如同华盖般地遮住了匍匐丛生的花茎。此花极其耐旱，易于养护。

栽培要领

松叶菊仅在晴天绽放，阴雨天会自然闭合。应栽种在光照充足的位置。其肉质叶片很是耐旱，可将之栽种在石墙边或枯山水庭园中。最为常见的粉色品种在进入冬季休眠期后的养护温度不低于10℃。

松叶菊

洋甘菊

颇有人气的混栽素材

花色

●罗马洋甘菊　德国洋甘菊
●菊科　耐寒性多年生草本植物
●株高　30～80cm　●花期　5～7月
●移栽期　3月

初夏时节，花冠直径为1～2cm的洋甘菊会纷纷绽放。根据植株花形，洋甘菊可分为单瓣品种、重瓣品种和花冠蓬松绽放的品种。此花的高性种可栽入花园，矮性种可栽入花盆。洋甘菊是一种极好的混栽素材。

栽培要领

应将洋甘菊栽种在日照充足、通风顺畅的位置。选择排水性良好的土壤作为花土。施肥不要过量。此花不能在气候温暖的地区越夏，因此也被视为一年生草本植物。从花种开始培育也十分简单。如果秋季播种，则可在春季进行移栽作业。

超白

日本裸菀

低调小花

花色

●野春菊
●菊科　宿根植物
●株高　15～70cm　●花期　5～6月
●移栽期　9～10月

日本裸菀是野生的Miyama-yomena picolii的园艺品种。自江户时代起，人们便开始了对野生品种的改良。可作切花用的高性种日本裸菀可栽种在花园中，矮性种可栽种在花盆中。

栽培要领

日本裸菀既耐热也耐寒，具有较强的生命力。但不要让它暴晒在夏季的骄阳之下。可使其沐浴从树叶空隙中照射进来的阳光。选择排水性良好的土壤作为花土。可将此花栽种在半日阴处。若植株长势欠佳，则可在秋季为其分株栽种。

日本裸菀

瓜叶菊

冬季绽放在窗边的美艳宿根植物

花色

●富贵菊 黄瓜花
●菊科 非耐寒性多年生草本植物
●株高 15～40cm ●花期 冬至春
●移栽期 11月下旬～12月上旬

瓜叶菊

瓜叶菊是冬季盛开的盆栽花代表。花期时，盛放的花朵会溢满花盆，样态十分壮观。

栽培要领

秋季购买的盆栽花可在天冷之前将之放在户外养护，使之沐浴充足的阳光。天冷时再将盆栽花挪移至室内向阳的窗台养护。花土表层干燥时应多多浇水。要注意花土不宜过潮，但植株又不能缺水。为了让植株不断开花，可在花谢后将花茎齐根剪断。此花既不耐热也不耐寒，可划归为一年生草本植物。

白鹤芋

生有洁白花朵和光亮叶片的赏叶型植物

花色

●白掌 一帆风顺
●天南星科 非耐寒性多年生草本植物
●株高 30～100cm ●花期 全年
●移栽期 5～6月

白鹤芋大而显著的佛焰苞包裹着肉穗花序，花朵散发着清甜的香气。绿叶白花的清爽搭配让白鹤芋拥有了大量的“粉丝”。

栽培要领

白鹤芋适合在20℃～25℃的环境中生长，春夏秋三季可摆放在明亮的阴凉处养护，冬季时可使其沐浴透过蕾丝窗帘的阳光。白鹤芋性喜潮湿的生长环境，可为其叶片喷水保湿。注意，白鹤芋的花土不要过于潮湿，白色的佛焰苞如果变成绿色，即可将花茎齐根剪去。每隔1～2年可通过分株法进行移栽。

玛丽

龙胆

端庄大气的芬芳秋花

花色

●龙胆
●龙胆科 耐寒性多年生草本植物
●株高 15～100cm ●花期 9～11月
●移栽期 3月，11月

岩手少女

龙胆是日本本州以南地区的秋花代表。花市上出售的多为此花的园艺品种。龙胆花在阴雨天时会自然闭合。

栽培要领

可直接购买易于养护的矮性种——新雾岛龙胆的开花株。花谢后要及时清除陈土，将植株移栽至光照良好的位置，并栽种在富含有机质且排水性良好的土壤中养护。夏季要为此花做好防晒措施。

宿根植物的养护方法

栽种有较强环境适应力的宿根植物，这样后期养护也会非常轻松。

1. 栽种花苗

开花株和加仑盆中含苞待放的花苗在花市上较为常见。有的花店也将宿根植物作为盆栽花出售。应使非耐寒性品种的花苗在春季充分生长，秋季再做移栽。为节约成本也可以购买过季的花苗。但移栽时不要破坏花苗根部土坨的完整性。

处于花苗期的植株必然长得有些稀疏。可多栽一些花苗，待植株长大一些时再适当加大株距。盆栽花可逐渐移入大花盆中栽种。

2. 摘心、摘花梗

为了让植株生长得更加茂密旺盛，除了保证浇水与光照，还要为植株修剪摘心。

花谢结籽后，植株会因为疲劳而生长缓慢。此时的植株易生病害，可通过摘除花梗预防病害。摘除花梗的方法与一二年生草本植物的摘除方法相同。由于宿根植物的生长周期较长，所以勤摘花梗也是一项很重要的作业。

3. 移栽、分株

可将生长数年的植株从土中挖出进行分株繁育，让花芽多的植株“自立门户”。分株会让植株重获活力，是促进植株生长的有效方法。此外，还可用插芽法繁育新株。

4. 采种、播种

可在花谢后、花籽散落之前采集花种。这样便可用播种育苗法繁育新株。一些花友还喜欢用不同品种的花卉杂交培育新品。

采集花种 圣诞蔷薇

圣诞蔷薇在成熟时会将种子弹向四面八方。为了收集花种，可在植株结籽后将无纺布袋子套在花冠上。

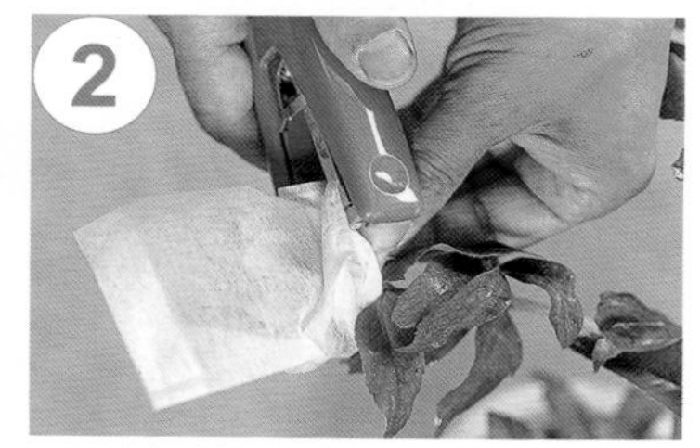

用订书钉封紧口袋，这样花种就不会四散而飞了。摘除不结籽的花朵，再为植株施加磷酸化肥，促使花种发芽。

各品种的圣诞蔷薇每朵花大概会结生5～15粒花种。摘除花梗，将花种装在湿润的无纺布口袋中保存。

可将起皱的种子在水中浸泡一天，再将种子放入按照说明书稀释的苯菌灵溶液内浸泡半天，杀菌消毒。

把花种口袋埋在盛有赤玉土的6号花盆中，多多浇水，让花种在透气、湿润的环境中生长发育。

花土不宜干燥，应将花盆挪移至阴凉处。在盆中竖起植株名签，10月时即可播种。

播种方法

圣诞蔷薇

应在较深的4号加仑盆中播种。在花种出芽前应使土壤保持一定的湿度。因此，可为花种准备一只不透气的塑料盆。在盆中填入颗粒土。

在盆中加入小颗粒的赤玉土，多多浇水浸润花土。把表层花土抚弄平整后，再播撒花种。

均匀地播撒30～40粒花种，再为其覆盖约厚1cm的花土。将花盆挪移至阴凉处，继续浇水。

若在秋季气温低于4℃的环境下播种，则花种会在2个月后发芽。

在花苗满盆之前，可将生有1～2枚真叶的花苗移栽至3号加仑盆中养护。此后，应随着花苗的生长将花盆逐渐换成大盆。

移栽花苗

栽种前，先把花盆摆放在移栽位置上确定摆位。

根据5年后的株高设定株距，株距应保持在50～60cm左右。栽花土坑的深度和直径长度均为40cm。

在土坑中填入腐叶土、堆肥和花肥，并将它们搅拌均匀。移栽植株时不要破坏其根部土坨。若植株较大，可轻摇根部土坨取出植株。

使植株根部土坨高度与周边土地平齐。按压花土使土坨与土坑融为一体。多多浇水，稳固植株根基。

圣诞蔷薇最适合栽种在落叶树下方，这样便能沐浴到从树叶缝隙中散落下来的阳光。待植株长大后，可在其长势旺盛的秋季进行移栽。

扩大株距

播种育苗可能会让若干花苗生长在一处，待花苗长大时要考虑扩大株距。

保留一株长势好的花苗，如果拔除淘汰苗可能会牵扯到好苗的花根，可贴着地面将淘汰苗的地上部分齐齐剪断。

按照使用说明为花卉喷洒蚜虫和蓟马的杀虫剂。

摘心

当植株生长到一定高度时，可剪去花茎促进侧芽生长。如此操作便可使植株生得枝繁叶茂。

不同种类植物的修剪方法也不同。如剪去顶芽也有可能妨碍植株继续成长。

摘除花梗

摘除要领见本书43页。摘除花梗不仅会让植株生得更加美丽，还能起到预防病害的作用。及时清除残花败叶是非常重要的。

盆花移栽

花谢之后，较大的植株与较小的花盆看起来很不协调。可在春秋两季进行移栽。

可齐根剪掉花梗、残叶和有损伤的老叶，整理地上部分。

拍打花盆边缘，将扁平的小勺插入花土，挖出植株。可剪除结块的花土，或为根部土坨松松土。

将植株移栽进等大的花盆或稍大一圈的花盆中，为其加入新土与基肥。在花根恢复生长之前，可将之摆放在阴凉处养护。

分株

圣诞蔷薇不易发芽。可待其根须丰满、植株高大时，用分株法进行繁育。

可在早秋时节进行操作。作业时不要碰伤出土的新芽，可用木棍戳碎花土，分开纠缠在一起的花根。

若想促进植株生长，可将花根一分为二；若想让植株变得更多，可将4～5颗新芽分为一组进行分株。操作时可用小刀或剪子辅助作业。

修剪方法①——单株修剪

花开在枝头的植物在生长数年后，下方的叶片就会枯黄。枝条徒长会影响植株的美观，可对徒长枝进行修剪，调整株姿。

先剪去枯叶再观察植株，确定想要留下的枝条。此后，可在芽的偏上方剪去多余的枝条。

可剪掉过多的枝条。变色的老枝应齐根剪断，以便促进新枝的生长。

拿天竺葵来说，剪掉不生芽的枝条只会使枝条干枯，并不会萌发新芽。应在生芽的枝条上方进行修剪，这样才能让植株生出新芽。

玛格丽特花的长势很是旺盛，植株长大后其花茎就会木质化。可剪掉下方叶片枯萎的茎，再用插枝法繁育新株。

齐根剪断枝条并不会使植株生出新枝或增加枝杈。若想让植株茂密生长，可在枝条中段进行修剪。

修剪方法②——整体修剪

图为栽种在养花箱中的四季康乃馨。虽然康乃馨以图中的状态也能够在秋季再次开花，但枝叶过密却会令其难以越夏。

可将花茎剪去一半。如果株数不多的话可以一颗颗地修剪，若否也可对植株进行大幅度修剪。

最好给修剪后的康乃馨换上新土。但不换土只给植株浇水施肥也能促进腋芽生长。

一个月后，康乃馨便会开花。用上述方法再次修剪养护，可使植株再次开花。

修剪后的插枝育苗

四季秋海棠很难越夏。在高温环境中，植株的长势会逐渐衰弱，叶片也会变得枯黄失色。

若摆放在阴凉处也不能好转起来的话，可剪短花茎。修剪后应为植株喷洒防虫药剂。

剪下来的枝条可用插枝法繁育新株。可将枝条修剪为5～7cm，再摘除下方的叶片和较大的叶片。

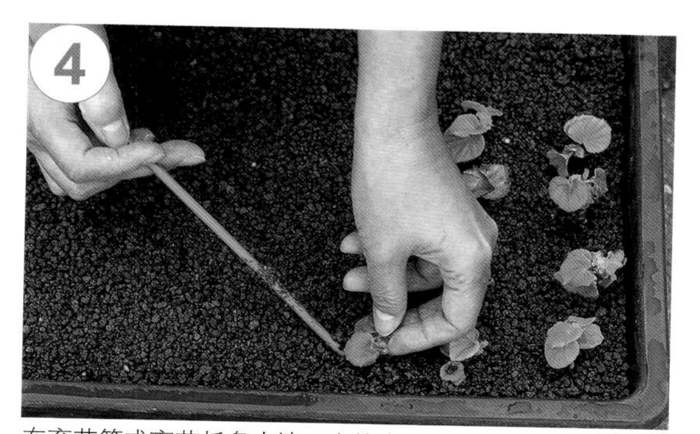

在育苗箱或育苗托盘中填入小粒赤玉土，用木棍钻出插入树枝的土洞。在萌发新芽之前，一定要保证供水充足。

扦插要领

菊花的插芽繁殖法

可将研磨碎的鹿沼土搅和为泥浆，再在泥浆中加入生根粉，用冬季花芽的切口处蘸取泥浆。

将花芽深深地插入改良土中进行养护。

秋海棠的压条繁殖法

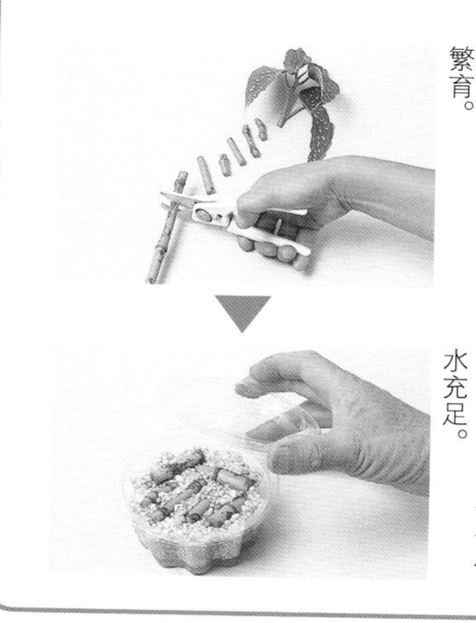

将木质化的茎剪取下1～2节。龙血树也可以用这种方法进行繁育。

将剪断的茎埋入湿润的土壤中，在发芽之前务必保证供水充足。

球根植物

根茎在地下养精蓄锐，时逢花期便一展芳华的球根植物堪称花园中闪耀夺目的明星。可以让外观靓丽、个性鲜明的球根植物装点庭院，做花园中的主角。

用地下的根茎贮存营养，以休眠的状态静待时来的球根植物，即便地上部分枯萎，地下部分也依旧安然无恙。因此，球根植物也被认为是宿根植物的一个种类。

种类

●秋植球根花卉

此类球根具有较强的耐寒性。秋季栽种的球根在经过一个漫长冬季的忍耐后，会在次年春季破土怒放。这些原产温带地区的植物如果不历经一番苦寒，便无法灿烂盛开。夏季，此类球根植物的地上部分会枯萎死亡，地下部分却会繁育增多。

●春植球根花卉

此类球根不耐严寒，须待春回天暖时栽种。它们会在夏季绽放美丽的花朵。此类球根原产热带地区，入秋后其地上部分便会枯萎死亡，但地下部分却会繁育增多。

●球根变态形状的分类

球茎类　地下茎呈球形或扁球形，外面有革质外皮。从干透的母球上生出的新球会自然分球。新球上还会生出子球。

鳞茎类　此类植物的球根外皮呈鱼鳞片状。除百合科球根植物，此类球根植物都有一层薄薄的外皮。新球会自然分球，母球会逐渐消失。

块茎类　地下茎呈不规则的块状或条状，茎外无皮。可将有落叶痕迹处附近生长的新芽以分株法进行繁育。

根茎类　地下茎肥大呈根状，新芽着生在分枝的顶端。可通过分离新芽与母株的方式进行繁育。此类球根不耐干旱。

块根类　地下主根肥大呈块状。可剪取从地下茎萌发出来的新芽繁育新株。此类球根不耐干旱。

特征

●栽种后必定开花

用根茎为植株在花期贮存充足营养的球根植物大抵如此。健康的球根植物在栽入花园后，即便不施肥不浇水也能开花。番红花甚至不栽种在土中也能开花。但过于干燥的土壤环境会伤害球根，所以还是要给球根植物浇水的。

以百合为中心的花园

●根茎类

姜黄

美人蕉

●块茎类

仙客来

球根秋海棠

●鳞茎类

郁金香

百合

●球茎类

藏红花

唐菖蒲

大丽花

●块根类

芍药

●无需打理也能连续开花数年

花谢之后，叶片制造的养分就会转移至地下根茎，供根茎生长繁育。较小的根茎也不必从土中挖出保存。这些营养丰富的新根茎会在次年绽放美丽的花朵，可将它们作地被栽种。

●根茎的大小与花朵的大小成正比

越大的根茎就越能孕育出硕大的花朵。过小的根茎在栽种的当年可能不会开花，但它们依然会从叶片中汲取养分，促进自身成长备战来年花期。

栽培要点

栽种前需确认球根是否耐寒。秋植球根适合栽种在室外历寒生长。地栽株距应为两枚球根并列摆放的总长度。地栽土洞深度应为 3 个球根累加起来的高度。盆栽时用花土盖住球根即可，要为其下方留出足够的生长空间。

花谢后不要让花朵结籽，应及时摘除花梗，并保留花茎与叶片。盆内栽种过密不利于根茎发育，应挖出根茎进行地栽。地栽会使根茎生长得更加健壮。

叶片枯萎后可挖出根茎将之阴干。大多数的球根都可用这种方法进行保存。但根茎类和块根类球根应放在湿润的锯末中保存。

观赏方法

●密集种植形成的美丽花海

百合、宫人草等花茎挺拔、花冠华美的球根植物自是艳丽动人，但若将株高不足 10cm 的球根植物密集地栽种在一处，在花期时便会收获一片美丽的花海。

●树立标识牌

春植球根花卉出芽较快，但秋植球根花卉的生长却相对缓慢。而且栽种此类球根的土洞会突然裂开一个大口子。为避免误踩误伤，应在此处树立起一块标识牌。可以在球根植物的周边栽种一些三色堇，这样枯淡的冬季便会生动活泼起来。

●移栽也有小窍门

小巧的紫花风信子或花葱类球根花卉在栽种后很容易被人遗忘。若把它们集中地栽种在网兜或加仑盆中，就不必担心忽略它们了。这种做法也便于花谢后我们能够很快在土地中找到它们。也可连同加仑盆一起栽种在养花箱中，这样做便于更换新花土。

水仙

用甘甜的香气和柔和的花色报知春天的到来

花色 ○ ○ ○

●凌波仙子 ●石蒜科 秋植球根花卉
●株高 10～60cm ●花期 12月至次年4月
●移栽期 9～10月

水仙是早春庭院中必不可少的一种植物。自古以来，水仙花就深受人们喜爱。经由改良后的水仙花品种数以万计，比如：大花型的喇叭水仙、重瓣水仙、一枝花茎上生长数枚花朵的水仙……各式各样的水仙花能给我们的生活增添无尽的乐趣。黄、白两色是水仙花的基本花色。现在，浅粉色的水仙花在花市上也有出售。

栽培要领

水仙花既可以庭栽也可以盆栽。若你拥有宽敞的庭院，就可以考虑在庭院中栽种一些水仙花，以便在花期观赏。动人春色不须多，你可以只栽种几处水仙花来点缀草坪。水仙花有很多品种，如果你想打造一个自然风情浓郁的庭院，就可以考虑栽种原种系水仙和一枝花茎上生长数枚花朵的小型水仙；若你想把庭院装饰得主次分明，就可以考虑栽种醒目的大花型水仙、重瓣水仙或喇叭水仙。可以根据栽种位置和花园布局选择水仙花的品种。

水仙在花盆中也能生得很好。将水仙花密集地栽种在大型养花箱中，到了花期时便能欣赏到花朵带来的壮观美；若将其零星地栽种在小花盆中，又能观赏到简约美。将不同品种的水仙花栽种在一处时，可根据株高、花期、花色决定是让它们同时开放还是分批次开放。有计划地栽种才能更加深刻地体会到养花的乐趣。

▶ **有重量才有质量** 不同品种的水仙花球根大小也不同。比如，迷你品种的水仙花球根就很是小巧。所以说，球根也并非越大越好。选种时除了要看球根的大小，还要看它的重量是否与大小相匹配。形态圆润呈壶形的球根才是好球根。

可将水仙栽种在日照充足的位置，选择排水性良好的土壤作为花土。冬春两季可让水仙充分地沐浴阳光，盛夏时要将之移栽至阴凉处或落叶树下方养护。

水仙的球根生长在地下深处。栽种前应深耕花土，并在土中加入腐叶土、干燥的牛粪等有机质及缓释肥料。株距应为1枚球根的径长。土洞深度应为3个球根累加起来的高度。可在每年栽种新球根时考虑增加种植密度，这样到了花期便能看到一片繁华的景象。

盆栽时可在7号盆中栽入4枚球根。覆土时只把球根顶端盖住即可。长约60cm的养花箱可栽种

高脚酒杯（喇叭水仙）

路易十四（房状水仙）

火奴鲁鲁（重瓣水仙）

塔希提（重瓣水仙）

ACCENT（大杯水仙）

12 枚球根。

▶**3 年内无需打理**　水仙花生出叶片后，植株的蓄水量就会增大。花土表面干燥时可以为其浇水。健硕的球根自备充足的营养，无需肥料也能生长得很好。花茎长高后，可为其施加化成复合肥料做为追肥。需为株高较高的植株树立起支棍。

花谢后应尽早摘除花冠处的花梗。而茎、叶会通过光合作用制造养分，因此要保留下来。为了促进球根生长，可施加少许氮肥。地栽的水仙花在生长 3 ～ 4 年后会生得十分美丽。可在叶片泛黄的 5 月末～ 6 月初把球根从地下挖取出来。

盆栽水仙可待花谢后摘除花梗，把球根保留在土中并为之施肥，让球根在花盆中继续生长。

大丽花

多彩绚丽的花朵将夏日花园装点得生机勃勃

花色

●天竺牡丹 ●菊科 春植球根花卉
●株高 20 ~ 200cm ●花期 5 ~ 10月
●移栽期 4 ~ 5月

大丽花是将盛夏花园装扮得艳丽多彩的典型球根花卉。原产南美高原的大丽花最初只有十几个品种，后来，人们又培育出了很多园艺品种。广为人知的大丽花既可以栽种在花园里，也可以做切花使用。虽然大丽花给人一种时尚而奔放的印象，却也有成熟大气的铜叶系品种。可以说，大丽花是花友们乐于栽种在庭院中的一类球根花卉。

栽培要领

大丽花可从花形上分为传统的豪华形、单瓣形、球形、兰花形、卷缩形、银莲花形等 16 个品种。从花冠直径超过 26cm 的超大花型品种到花冠直径只有 2 ～ 3cm 的极小花型品种，大丽花堪称种类繁多。可以根据庭院大小和布局选购为庭院增色的品种。

东镜（银莲花型）

梦诗（水莲花型）

红一点（单瓣形）

最近，不少花友喜欢把株高约为 20cm 的迷你型大丽花栽种在小型养花箱或作混栽素材使用。不过，此类品种并非球根花卉，而是播种后当年就能开花的实生大丽花。

4 ～ 5 月栽种下的球根会在夏秋两季绽放出美丽的花朵。你可以参考外国人的庭栽方法，在碧草茵茵的草坪上栽种下红色的大丽花，制造出绿草红花的惊艳效果。你也可以将同色系的大丽花错落有致地栽种在一处，这样大丽花看上去便会柔和许多。若栽种紫色或黑色的深色系品种，你就会拥有一个雅致个性的庭院。

▶ **检查球根芽** 由于大丽花的球根不生长不定芽，应选取冠部花芽无损伤且球根健硕的进行购买。花芽折断的球根便不能再次发芽，因此不能购买。

应将大丽花栽种在日照充足的位置，并选择排水性良好的土壤作为花土。先把准备好的用腐叶土、干牛粪等堆肥或有机肥搅拌好的沃土填入土坑，再播撒一层无肥土壤，之后将球根的芽摆在土坑的中心进行栽种，并为之覆盖 5cm 厚的花土。大花型品种的株距可设为 1m 左右，中小花型品种的株距可设为 50 ～ 60cm。

▶ **移栽后要对大花型品种进行打尖** 大花型的品种在发芽后只有对其进行打尖，它才会绽放华丽的花朵。应在保留一枚长势较好的花芽后，从花根处摘除其他花芽。可保留植株下方的数节花芽，摘除茎部叶腋处生长出来的所有花芽。这样操作会让植株绽放的第一朵花格外硕大华美。花后保留 1 ～ 2 节短节，长出的新芽可继续开花。

中小型大丽花丽质天生，充满自然风韵，养护时不必打尖。若想让中花型品种绽放出硕大的花朵，可在保留两株芽后按照大花型的操作方法进行处理。若不打尖，则大丽花在夏季就会生得枝叶繁茂，郁郁葱葱。夏末时节，可剪掉一半花茎调整株姿，这样植株就会变得精神而且清爽。追肥可以为大丽花补充在夏季生长时消耗的能量，促进花茎生长，让植株二次绽放的花朵能够开放至晚秋时节。

可在 11 ～ 12 月上旬挖出球根，将之裹在泥炭苔中并存放在不上冻的地方过冬。也可以让球根在地下过冬，但需为其覆盖一层厚厚的花土和腐叶土，为球根做好防寒措施。春季可在挖取球根后分球重栽。

大丽花（球形）

十和田（褶边形）

旋律（卷缩形）

海莉简（仙人掌形）

郁金香

人见人爱的妖娆春花

花色

●郁金香 ●百合科 秋植球根花卉
●株高 10 ~ 70cm ●花期 3月中旬~5月中旬
●移栽期 10 ~ 12月中旬

郁金香是一种知名度较高的草本花卉。原产中亚的郁金香在16世纪时被土耳其人带入了欧洲。自此之后，欧洲便开启了“郁金香热时代”，欧洲人开始纷纷种植郁金香。几经改良，郁金香的品种变得更加丰富了。现在，人们在栽种各种各样的郁金香的过程中收获了极大的乐趣。

栽培要领

郁金香的品种多达8000余种。株高不等、花色多彩、花形各异的郁金香往往会让花友们感到选择困难。

郁金香的生命周期不是很长。可根据花期将郁金香分为3月中旬至4月上旬开花的早生种，4月中旬绽放的中生种和4月下旬绽放的晚生种。若将花期不同的郁金香有计划地栽种在一起，就能延长赏花的时长。也可以参考下页介绍的方法将郁金香与其他植物混栽在一起。

▶ **选购壮实的球根** 无霉斑、无损伤且有一定重量的球根才是好球根。很多球根外皮均有破损，这是运输时造成的“意外伤害”，并不影响球根品质。郁金香的栽种时期比其他秋植球根植物略晚。10 ～ 11月是栽种郁金香的最佳时期，12月栽种也一样能在花期时看到郁金香美丽的花朵。应提前做好栽种计划，再按照计划有序栽种。

庭栽的郁金香可以在排水性良好的任何土质的土壤中生长。栽种前应深耕土地，在花土中混入缓释肥料。土坑间距应为一枚球根的大小。栽种完成后，应为球根覆盖上为其高度3倍的花土。

也可以在养花箱和花盆中栽种郁金香。长50cm的养花箱可容纳10枚大型球根，5 ～ 6号花盆可栽种3枚球根。若你希望看到郁金香茂密丛生的样子，也可以把更多的球根深埋土中。不过，密集栽种不利于球根的生长壮大。

在花茎长大之前，应对球根进行低温保管。室内的盆栽在养护3个月后也需放到室外管理。

若想栽种自己培育的球根，在栽种之前就要仔细检查球根是否有腐烂的迹象和病害。健康的球根是可以继续栽种的。另外，出土后经过消毒、晾晒处理的球根也可以放心栽种。若球根捏上去软绵绵的，就表明它烂掉了，不能栽种。球根周围5 ～ 6cm以下的土壤中新生的小球根并不能开花，应将它们连同大球根一同栽入土中等候其长大。小球根在长大后的次年才会开花。

▶ **冬季的盆栽不能缺水** 庭栽的球根若逢持续干旱天气，可在气温较高的中午为之浇水。盆栽球根则需在花土表层干燥时为其定期浇水。2月中旬至下旬，如能给球根施加速效化成肥料做追肥，则郁金香很快就会绽放出美丽的花朵。3月是郁金香病害的高发期，蚜虫会传播导致植株枯萎死亡的致命病毒。可将驱虫剂喷洒在花根处或喷雾防除。

花谢后应从其子房处剪去花冠，保留花茎与花叶。6月，

春之绿

美丽褶皱

郁金香的叶片会变得枯黄，可在此时挖出球根。对出土的球根进行消毒、做晾晒处理，最后将之装入网兜保存。

▶ **最适合与蓝色的小花栽种在一起** 最近，花形简约、花瓣前端尖细的百合形品种、花瓣边缘生有刻痕、外形华丽的鹦鹉形品种、柔软的重瓣品种等外形独特别致的郁金香被花友们广泛栽种。常见品种的人气自不必说，如果栽种优雅浅色系的粉红钻石、球杏夫人，或黑紫色的夜皇后等花色独特的郁金香，你就会拥有一个更加“上档次”的美丽庭院。福氏郁金香、克氏郁金香等迷你型原生郁金香也是广为人知的品种。虽然我们习惯将高性种栽种在花园，把矮性种栽种在花盆中，但在花园中栽种可爱的矮性种郁金香也会让人看了眼前一亮。也可以根据花色栽种郁金香，比如通过合理布局将之栽种在某一处做点缀。

Monserrat

天使

Sha-Mail

蒙娜丽莎

将郁金香栽种在花园或与其他草本花卉做混栽时，应让郁金香“唱主角”，在花根旁还可以栽种勿忘草、堇菜、三色堇、紫花风信子、门氏喜林草、菊花等花卉作为衬托。特别是勿忘草和门氏喜林草等生有蓝色花朵的植物能将没有蓝色系花朵的郁金香衬托得更加华贵动人。

夜皇后

▶ **打造绚丽多彩的养花箱** 若在庭院或大型养花箱中栽种花期相同的各色郁金香，那么花期时郁金香同时绽放的美景是相当壮观的。如果栽种花期不同的品种，则可以长期赏花愉悦身心。

若在三色堇、堇菜、紫罗兰、叶牡丹等在晚秋时节绽放并能够长期盛开的花卉中栽种郁金香，你就能观看到郁金香的生长全过程，并因为体验到成长感而乐在其中。

在花盆中做混栽也很是有趣。可在造型优美的养花箱中将郁金香分层次进行栽种。如能合理地将郁金香分为两部分栽种，春季时你就会看到鲜花争艳的美景。可将养花箱摆放在玄关、阳台等引人注目的位置。

百合

优雅的芳姿与沁人的香气把初夏花园装扮得生机勃勃

花色

●百合 ●百合科 秋植球根花卉
●株高 30～200cm ●花期 5月中旬～8月中旬
●移栽期 10～11月

园艺品种繁多的百合花大致可分为两个类别。一是亚洲产番山丹在杂交后形成的亚洲百合种系，二是日本的山百合与鹿子百合杂交后形成的东方百合杂种系。东方百合种系的百合花拥有优雅的花形和沁人的香气；亚洲百合种系的百合花花色丰富，五彩斑斓。

卡萨布兰卡（东方百合种系）

栽培要领

亚洲百合种系的百合花的花色以橘黄色为主，但黄色、红色的品种也有很多。此类百合的花冠大多向上绽放，花瓣之间通透的样子继承了透百合的特征。多数百合花都不易栽培，但此类百合的生命力却极其顽强，非常适合新手栽种。

东方百合种系百合花的花色以粉红色和白色为主。此类百合形似大喇叭或漏斗，花朵横向绽放。卡萨布兰卡、香水百合、占星师等有名的百合花均为此系品种。百合花香气袭人，可将之栽种在窗台附近或摆放在室内进行观赏。

姬百合（亚洲百合种系）

▶ 栽种地点因品种而异

百合的球根不耐旱，都是放在锯末中出售的。应选择无霉斑且硕大壮实的球根购买。

亚洲百合种系的百合花适合栽种在向阳处。应选富含腐殖质、排水性好的土壤做花土。

东方百合种系的百合花由于继承了山百合的基因，所以不宜栽种在光照过强的位置。可将其栽种在落叶树下方，让其沐浴从树叶缝隙中漏下来的阳光。还要在此类百合花的根部栽种上低矮的青草覆盖花根。如果不具备这样的条件，就要在庭院中栽种能够遮挡夕阳余晖的树木，并在百合花根附近栽种青草，为花根保湿。总之，此类百合只有在与之生长环境相似的环境中才能生长，没有条件就要创造条件。

栽种球根时，应深耕花土，并在花土中施加腐叶土、干牛粪和缓释肥料。之后，应给球根覆盖为其高度4～5倍厚的花土。百合的花根分为生长在球根下的下根和从地上花茎处生长出来的上根。上根负责吸收营养，如果球根栽种过浅，则上根无法吸收养分，后期便无法绽放美丽的花朵。另外，东方百合种系的百合花不喜欢干燥高温的环境，最好全年为之铺盖稻草进行保湿。

百合也可以栽种在花盆中养护。密集栽种不利

山百合

wild treasure（LO 百合杂种系）

神领百合

占星师（东方百合种系）

Elodie（透百合系）

康涅狄格王（亚洲百合种系）

于观赏它绰约的芳姿。8 号花盆只能栽种 2 枚亚洲百合种系的球根。栽种后应为球根覆盖为其自身高度 3 倍厚的花土。10 号花盆中可栽种 2 ～ 3 枚东方百合种系的球根。

▶ **将叶片与花茎保留至 10 月份** 春季，随着花茎的不断长高，浇水量也可以逐渐加大。待花茎长长时，可为其树立起一根支棍。在花盆中养护时要保证供水充足，缺水会致使植株枯萎死亡。植株在长高后花根处会生出上根，应为其覆土掩埋，这样有助于植株生长得更加健壮。

花谢之后应尽早摘除花梗。浇水不要间断，每周可为植株施加一次液体化肥，以便促进球根生长。请用上述方法将百合养护至 10 月份。届时，待叶片枯黄后可挖取球根以便再次栽种。地栽百合在不挖取球根的状态下也能生长 3 年。

茶花形品种

康乃馨形品种

悬垂形品种

球根秋海棠

花色鲜艳适合盆栽的球根植物

花色

●秋海棠科 春植球根花卉
●株高 30～40cm ●花期 6月下旬至7月
●移栽期 1月下旬至3月

球根秋海棠是秋海棠科植物中开花最为华美动人的品种。玫瑰形、山茶形、康乃馨形、波状花瓣形……品种繁多的球根秋海棠十分惹人怜爱。球根秋海棠红色、黄色等醒目的花色也颇具魅力，是适合栽种在花盆中养护的植物。

栽培要领

应将从花市上买回来的球根置于泥炭苔中进行浮栽，以便促使球根发芽。之后，可挑选萌芽长势良好的球根栽种在5～6号花盆中，做到一盆一球。

需选择排水性良好的土壤作为花土。可在盆底多加些花土。如果用花市上出售的球根秋海棠专用土栽花，就一定能把球根秋海棠养得很好。球根不要埋得太深，应保证球根头部完全露在花土外边。

▶ **浇水要领** 表层花土完全干燥时方可浇水。浇水需从花盆边缘浇注。球根头部如果被水淋湿，就会腐烂变坏，浇水时应多加小心。

冬季应将盆栽摆放在日照好的窗台上。春秋两季可将盆栽挪移至户外的向阳处养护。不过，此花不耐夏季的闷热潮湿，可将之挪移至通风顺畅的阴凉处养护。应尽可能地为球根秋海棠创造出干爽的生长环境。

▶ **夏季不可施肥** 在5号盆中栽种球根秋海棠时，可将一小勺的缓释肥料搅拌在花土中。在开花前的4～5月，可每月为植株施加2～3次的稀释液体化肥代替浇水。夏季千万不要给此花施肥。球根秋海棠易发白粉病和灰霉病，每月可定期喷洒1次杀菌剂进行病害防治。

仙客来

最近，原生种成了花园中的人气王

花色 ●●○●

●篝火花　报春花科　秋植球根花卉
●株高　15～40cm　●花期　10月中旬至次年5月中旬
●移栽期　9月中旬～10月上旬

把冬季起居室装扮得五彩缤纷的仙客来有着良好的“群众基础”。大花型、洛可可型、花色明艳、生命力顽强而广受花友们喜爱的F1系、浅色粉蜡笔系等众多园艺品种真能让人挑到眼花。最近，能够在室外栽种的原生种仙客来又博得了花友们的欢心，成为了人气花卉。

栽培要领

仙客来多以花盆栽种、室内养护为主。不要让空调的暖风吹伤植株。花谢后，可拧动着将花茎连根摘除。经常这样操作有利于促使植株再次开花，延长花期。

秋季，可将仙客来移栽到户外的向阳处养护。为了让植株充分沐浴阳光，生长得更加茁壮，可上下调整植株叶片的位置。

▶ **养护的重点是移栽**　花谢后，可将仙客来挪移至阴凉处越夏。也可以渐次减少浇水量让植株以无叶状态进入休眠期。9月中旬可将植株从盆中移出，掸落花根上的一半花土，再将之栽种在大一圈的花盆中。最好选用花市上出售的草本花卉专用土做花土。应以浅栽的方式让球根头部完全露出花土。

▶ **养护时不可缺肥**　移栽时也可以用原来的花盆重新栽种。可在花盆下方放置给水容器。充足的供水会让叶片看上去更加新鲜水嫩、充满活力。这种方法也能节省浇水的时间。

仙客来的花期较长，必须保证花肥的充足供应。移栽时可将缓释肥料作为基肥搅拌在花土中，再每两周给植株施加一次液体化肥。

地栽仙客来

耳环

F_1 音乐会·深红色品种

holly hock

卡内基

代夫特蓝色品种

风信子

气味芬芳、花序华美的优雅球根植物

花色

●洋水仙 ●风信子科（百合科） 秋植球根花卉
●株高 20～30cm ●花期 3～4月
●移栽期 10月

风信子是绽放在早春时节气味最好的春花之一。白天，随着气温的逐渐升高，风信子散发出的甘甜香气也会越来越浓。风信子就是用芳香的气味向人们报知春天的到来的。风信子生有众多小花的芳姿也十分美丽。大面积栽种风信子会将庭院装扮得极其繁华，零星地栽种几处风信子则会让庭院充满灵性。

栽培要领

为了看到风信子美丽的花朵，多花些钱买品质优良的球根是值得的。好球根会在不久的将来抽出挺拔的花茎，生出硕大的花穗，绽放美丽的花朵。若球根较小，那么植株在花期很可能不开花或开出的花不够美丽。

▶ **可在花盆中密集栽种** 地栽时，可将风信子栽种在向阳处。要对排水性良好的花土进行深耕，再拌入腐叶土、苦土石灰和缓释肥料。球根应栽种在深度为其高度2～3倍的土坑中，株距应设为2～3枚球根并列摆放的距离。

盆栽时，应以浅栽的方式将球根头部埋藏至隐约可见的位置。5号花盆只能栽种一枚球根。密集栽种便能在花期时看到风信子展现出的壮观美。可将栽好的球根盆栽挪去户外，让它历经低温的磨炼。

▶ **气候温暖的地区很难养出肥硕的球根** 球根会在花谢后一直生长到叶片泛黄的6月份。将球根挖出后，须对其进行消毒、阴干处理，再保存起来。秋季，可再次栽种球根，等待次年春季的花期。气候温暖的地区很难培养出肥硕的球根。一枚球根可在地下自然生长2～3年。但每年都购买新球根栽种也是个切实可行的好办法。

盆栽花不可缺水。表层花土干燥后就要多多浇水。每周可为植株施加一次液体化肥代替浇水，从而促进植株生长。

适合盆栽的美丽花朵

樱茅

●金梅草 ●仙茅科 春植球根花卉
●株高 7～10cm ●花期 4～6月
●移栽期 3月

花色

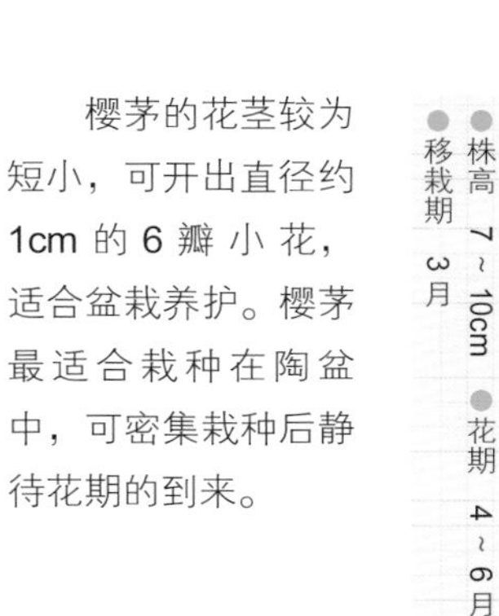

樱茅的花茎较为短小，可开出直径约1cm的6瓣小花，适合盆栽养护。樱茅最适合栽种在陶盆中，可密集栽种后静待花期的到来。

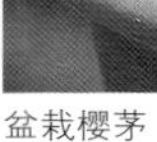

盆栽樱茅

粉色花边品种

栽培要领

需将球根完全埋入花土中。植株可沐浴春秋两季的阳光，盛夏时节则要将之移至阴凉处避暑，并要保证供水充足。

花茎长长后，可每周为植株施加一次稀释的液体化肥代替浇水。农药高灭磷可以有效预防病虫害。

11月叶片泛黄后，可将盆栽花移至房檐下或户外不上冻的位置养护。应减少浇水帮助植株顺利过冬。3月可将球根挖出花土进行分球，之后再将球根栽种在新花土中。

让新手体会到养花的快乐

朱顶红

●宫人草 柱顶红 ●石蒜科 春植球根花卉
●株高 30～50cm，80～100cm ●花期 5～7月，9～10月
●移栽期 4月，6～10月

花色

苹果花

激情

朱顶红是一种春植球根花卉。华美艳丽的朱顶红散发着一种令人迷醉的气质。除了主流品种大花型的路德维希，朱顶红还有袖珍品种和中小花型品种。

栽培要领

最近，花友们都喜欢购买栽种在加仑盆中的进口球根。购买时，应选择根须多的球根。

可在6～7号花盆中栽种1枚球根。栽种时应使球根肩部露出地面。可将固体化肥放置在花盆边缘。开花前应保证植株供水充足，可为之多多浇水。

9月下旬后应减少浇水。需将盆栽花移至不上冻的房檐下使之顺利过冬。春季时应为植株换上新土。此后便可再次体验赏花的乐趣。

欧洲银莲花

●秋牡丹 ●毛茛科 秋植球根花卉
●株高 10～45cm ●花期 2月中旬～5月中旬
●移栽期 9月

圣布里吉特

blanda ‘Blue Sades’

欧洲银莲花广为人知的品种有单瓣的 De Caen 和重瓣的 fulgens。由于欧洲银莲花拥有众多的花色与花形，因而常被人们用来装扮春天的花园。

栽培要领

栽种前应首先辨别球根的上下部位。欧洲银莲花的球根看上去瘦小干枯，其发芽部位十分平滑，栽种时需将此处朝上摆放。

此外，应先浮栽后再做栽种。先将球根浅栽在湿润的改良土中，每周都为之少浇一些水。当球根膨胀起来时就可以栽种在花土中了。欧洲银莲花的养护十分简单，3月时不时地给植株施加一些稀释过的液体化肥即可。

番红花

●藏红花 ●鸢尾科 秋植球根花卉
●株高 5～15cm ●花期 2～4月，10～11月
●移栽期 9月

猛犸象（黄色品种）

匹克威克

2月中旬，番红花便会在气候温暖地区的向阳处悄然绽放，告知人们春天的到来。番红花既可以地栽也可以盆栽还能混栽，是能够栽种在各处的应用价值极高的球根花卉。

栽培要领

秋季栽种的球根多会在次年春季开花。不过，若在9月上旬栽种，11月份时也有开花的可能。番红花应栽种在向阳处。可选择排水性好的土壤作为花土。花土需在深耕后拌入缓释肥料方可使用。

地栽时，应使株距保持在5cm左右，球根覆土厚度为3cm。密集栽种的话就能在花期时看到一片极其繁盛的景象。

花谢后继续施肥可使球根生得更加健壮。5月至6月叶片泛黄时可将球根从土壤中挖取出来。地栽的番红花3～4年内都不必挖出球根，可任由植株自由生长。

葡萄风信子

装点花园边缘、做混栽素材时必不可少的朴素小花

花色

●紫花风信子 ●风信子科（百合科） 秋植球根花卉
●株高 10～60cm ●花期 3月中旬至5月
●移栽期 10～12月中旬

白美人

蓝穗

葡萄风信子是生命力顽强、易于养护的球根花卉。若与郁金香混栽，则能呈现出“浓妆淡抹总相宜”的美感。只栽种葡萄风信子的话，则可以考虑群栽，这样便能欣赏到此花在花期时的壮观美。

栽培要领

可将此花栽种在日照时间较长的位置。花土需具备较好的排水性。可用苦土石灰作为缓释肥料搅拌在花土中。标准株距以5cm为宜，球根覆土厚度可设为2～3cm。密集栽种可让葡萄风信子在花期看起来更加美丽。5号花盆可栽种5～6枚球根，盆栽时的花土稍微没过球根头部即可。

葡萄风信子可在无人打理的情况下自然生长3～4年。花谢后，郁郁葱葱的叶片会将庭院装扮得生机勃勃。紫花风信子的生长期为一年，每年重新栽种会让植株生长得更加健壮。

睡莲

清池中如梦如幻的存在

花色

●子午莲 ●睡莲科 耐寒性，非耐寒性水生植物
●株高 5～20cm ●花期 5～9月，7～10月
●移栽期 3月中旬至4月

睡莲约有100多个品种。这些品种大致可分为耐寒性温带睡莲和耐高温型热带睡莲。前者的养护较为简单，建议你栽种此类睡莲体验养花的乐趣。可将小型的姬睡莲栽种在小容器里，摆放在阳台中。

栽培要领

春季可将生有1～2芽的根茎栽入托盘。应选沉积在水田、河滩中的粘质土做花土，但赤玉土也可用来栽种睡莲。可事先在花土中加入缓释肥料，让生长点露在外边进行浅栽。可在直径较长的容器中注满水，再把花盆沉入容器底部。

应将睡莲栽种在向阳处，若用较深的容器栽种睡莲，则需在容器底部铺垫砖瓦再摆放花盆，这样有利于植株接受光照。可每两个月为睡莲追肥一次。

黄睡莲

纯金

花色
白色、黄色、粉红色的花朵争奇斗艳

马蹄莲

●海芋 慈姑花
●天南星科 春植球根花卉
●株高 30～90cm ●花期 4～7月，9～10月
●移栽期 4月中旬～5月

被称为“花”的部分其实是马蹄莲花苞的变形。而其中不起眼的穗状物才是马蹄莲花。

栽培要领

应选具有保湿性能的黏土作为花土。需将马蹄莲栽种在向阳处，耕耘花土后可在其间多加些缓释肥料。株距以15cm为宜，可将球根的覆土厚度设定为5cm。10号花盆可栽种3枚球根，球根覆土厚度为3cm。地栽花可在无人打理的情况下自然生长3～4年。

花色
不畏骄阳的盛夏之花

美人蕉

●小花美人蕉
●美人蕉科 春植球根花卉
●株高 40～200cm ●花期 7～10月
●移栽期 4月中旬～5月

美人蕉的花茎在肉厚的叶片中挺立而出，茎端绽放着美丽的花朵。近年来，花市上正在出售矮性种和铜叶系等各色品种的美人蕉。

栽培要领

可将美人蕉栽种在光照最好的位置。施加堆肥和有机质化肥，并为球根覆盖厚度为6cm的花土。10号盆可栽种一枚球根，覆土厚度为2～3cm。施肥过量只能让叶片生长旺盛（却并不会对开花有所帮助）。冬季，需为花根覆盖一层厚土，以便美人蕉安然过冬。

美国红十字

花色
挺拔的花茎上花朵连开的样子十分华美

唐菖蒲

●剑兰
●鸢尾科 秋植球根花卉
●株高 60～100cm ●花期 3～5月
●移栽期 10～11月上旬

马斯卡尼

唐菖蒲是入夏后便在花园中常开不衰的经典夏花。随着品种的改良，唐菖蒲还出现了花色黑紫、花形呈波浪状的新品种。

栽培要领

深耕日照良好处的花土，给花土拌入充足的堆肥和缓释肥料。将球根以10～15cm为间距，依次埋入土中约5cm深。

秋季可挖出球根，使其在留有叶片的条件下阴干10几天。之后摘除老根须，将球根放在通风顺畅处保存。

大岩桐

被称为『温室女王』的球根花卉

花色

●落雪泥
●苦苣苔科 春植球根花卉
●株高 15～20cm ●花期 5～7月，9月
●移栽期 4月下旬～5月上旬

大岩桐重瓣品种

大岩桐拥有重瓣品种、镶边品种、斑锦品种等，多被人们栽种在花盆中养护观赏。

栽培要领

花盆直径应为球根直径的2倍，花土需要有较好的排水性。花土只把球根头部埋没即可。栽种后应在避免阳光直射的前提下保证日照充足。浇水时不要淋湿花叶。从秋季开始就要减少浇水的频率与水量，并使植株以断水的状态过冬。次年春天可将球根栽种在新花土中。

嘉兰

充满异国情调的芳姿

花色

●嘉兰百合 火焰百合
●百合科 春植球根花卉
●株高 150～200cm ●花期 6月下旬至8月
●移栽期 4月下旬

理查德戴安娜

经常被用作切花素材使用的嘉兰拥有超高人气。近年来，人们多将之栽种在花园中观赏。有攀援性的嘉兰攀附在栅栏或灯柱上的样子也十分富有情趣。

栽培要领

在不碰折球根上生出的芽的前提下，应把球根横向栽种在7～8号盆的球根用土中。浇水不要过量，否则球根就会腐烂。可在球根上方罩上一层塑料布，以便促进球根发芽。出芽后可除去塑料布，让花芽充分沐浴阳光。叶片枯萎后可挖出球根，在温暖的地方保存。

曼珠沙华

无叶花茎上燃烧着的璀璨火焰

花色

●彼岸花 钟馗水仙 夏水仙
●石蒜科 夏植球根花卉
●株高 30～60cm ●花期 7～9月
●移栽期 6～8月上旬

奥里亚（曼珠沙华）

此花先开花后生叶，形如火焰般的花姿十分妖艳。

栽培要领

应仔细耕耘向阳处的土地，可在土壤中拌进缓释肥料和腐叶土后再做栽植。株距可设为20cm，覆土厚度与球根高度相等。可将球根浅栽在盆中，栽种后应给球根充分浇水。养护时需保持其生长环境的干爽与透气。地栽时可任由植株自由生长4年，这样会使植株生得更加健壮。

花色

水仙百合

花园中的美艳精灵

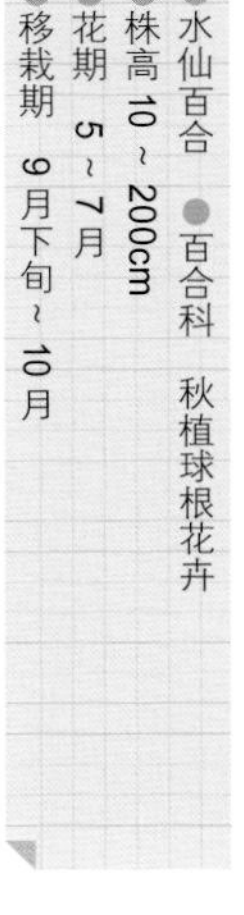

●水仙百合 ●百合科 秋植球根花卉
●株高 10～200cm
●花期 5～7月
●移栽期 9月下旬～10月

玛祖卡

多花性的水仙百合花朵十分华美，且能长期开放，是庭栽、家用切花的极佳素材。

栽培要领

需将喜光向阳的水仙百合栽种在排水性良好的土壤中。排水性差的土壤会使球根腐烂。仔细耕耘土地后，再在拌入苦土石灰和有机肥的花土中栽种水仙百合。株距可设为1cm，覆土厚度可设为2cm。秋季挖取球根时不要碰伤地下茎前端生出的白芽。可将球根栽种到新花土中，使之二次生长。

花色

鸢尾花

株姿挺拔、花期长久的球根花卉

●鸢尾花 ●鸢尾科 秋植球根花卉
●株高 10～60cm
●花期 3～6月
●移栽期 10～11月中旬

鸢尾花有若干品种。其中颇具代表性的是春季开花的荷兰鸢尾。

栽培要领

需将喜光向阳的鸢尾花栽种在排水性良好的土壤中。花土需深耕50cm，再在花土中施加堆肥和缓释肥料后方可进行栽种。株距可设为10cm，覆土厚度可设为5cm。地栽花可自生2～3年。当植株长势欠佳时，可在花谢的6月份挖出球根，于秋季栽种到其他位置。

紫花品种

花色

地中海蓝钟花

英国的报春名花

●秘鲁绵枣儿 地金球
●百合科 秋植球根花卉
●株高 5～80cm ●花期 3～6月中旬
●移栽期 10月

hispanica

形似吊钟的地中海蓝钟花既能栽种在花园中，也能栽种在花盆里。若将之栽种在落叶树下方或分散栽种在石山水园林里，此花就能呈现出一派天然风韵。

栽培要领

可栽种在日照时长超过半天的位置。栽种前要深耕土地，并用石灰中和土壤酸碱度，再拌入堆肥。株距可设为10cm，覆土厚度可设为5cm。盆栽宜将球根头部露在土表，以浅栽为宜。生命力顽强的地中海蓝钟花在无需打理的情况下也能自生3～4年。

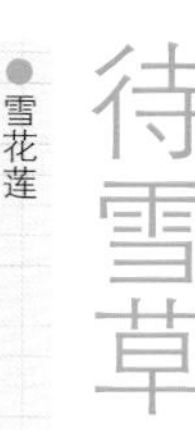

待雪草

花色 ○

颔首绽放的白色小花

●雪花莲
●石蒜科 秋植球根花卉
●株高 10 ~ 20cm ●花期 2 ~ 3 月
●移栽期 10 月

待雪草是早春时节绽放的小球根花卉。其白色的小花会颔首绽放。此花株高较矮，十分惹人怜爱，最适合栽种在枯山水庭院中。

栽培要领

可将此花栽种在落叶树下方。春季可让植株充分沐浴阳光，夏季需搬移至阴凉处养护。待雪草在任何土质的土壤中都能生长得很好，若在土壤中加入堆肥和有机肥，则后期无需打理植株。株距可设为相当于 1 枚球根大小的距离，覆土厚度可设为 2cm。5 号盆内可栽种 7 枚球根。

待雪草

小苍兰

花色 ●●○●●

柔韧的花茎上长着众多可爱的小花

●香雪兰
●鸢尾科 秋植球根花卉
●株高 30 ~ 90cm ●花期 11 月至次年 5 月
●移栽期 9 月中旬至 12 月中旬

气味芬芳的小苍兰是极好的春季切花素材。除了黄色，此花还有紫色、白色等各种梦幻般的花色。

栽培要领

小苍兰在气候温暖的地区可以庭栽，但多以盆栽和托盘栽种为主。5 号盆内可栽种 7 枚球根。花土将球根头部刚刚埋过即可，将花盆摆放至向阳处。地栽不宜过早，否则会冻伤茎叶。12 月栽种则可使之以萌芽状态过冬。

阿拉丁

花毛茛

花色 ●●○●●●●

花瓣层层，尽显雍容

●陆莲花
●毛茛科 秋植球根花卉
●株高 20 ~ 60cm ●花期 4 月至 6 月中旬
●移栽期 10 月

花毛茛

花毛茛是朱顶红的“近亲”，其硕大的花冠可将春日花园装点得豪华美艳。其轻薄如纸的花瓣又会给人一种纤弱细腻的印象。

栽培要领

可将球根埋在湿润的改良土中，使其吸水发芽。出芽后可另行栽种。株距可设为 10cm，覆土厚度可设为 5cm。盆栽株距为 5cm，花土将球根头部刚刚埋过即可。冬季可用腐叶土覆盖球根。

球根植物的养护方法

球根全家福

鳞茎类（郁金香）此类球根植物薄薄的外皮是母球外部的鳞片。水仙和紫花风信子的球根也是如此。

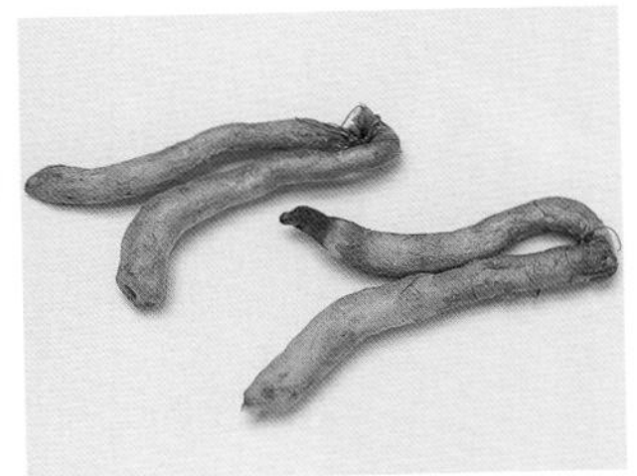

块茎类（嘉兰）的球根是没有薄皮的地下茎。朱顶红、仙客来、球根秋海棠的球根也是如此。

鳞茎类（百合）球根呈鱼鳞状，并能够繁殖新球根。

球茎类（银莲花）的外皮是叶的根部。风信子、小苍兰的球根也是如此。

块根类（大丽花）肥大的球根。红薯、洋姜的球根也是如此。

不要购买带有伤痕、凹陷、生有根须和霉菌的球根。

球根植物与年年开花的宿根植物很是相似，但出于品种与栽培条件的原因，本书权且将之归类为一年生草本植物。

1. 栽种

有人气的球根品种会被早早地摆放在货架上供人选购。我们可提前将买来的球根埋入加仑盆内，再将花盆置于屋檐下养护。待到春秋等宜栽季节时再栽种灌溉。球根的埋藏深度应为其自身高度的 3 倍，株距应设为球根大小的 2 倍。

球根植物不结籽，可在花谢之后摘除花梗。

2. 取球、分球

为让球根长得更加壮实，花谢后应保留叶片。叶片泛黄后方可挖取球根，再剪掉地上部分将之保存起来。小球根或有足够生长空间的球根不必从土中挖出。可将密集栽种在花盆中的球根移栽至庭院，也可以次年购买新球根重新栽种。

健壮的球根会生出子球，子球长大后，母球就会消失。可将球根分根后再阴干处理，之后将球根保存在阴凉处。

移栽要领

百合的球根不宜深埋。由于其花茎会生长上根，所以可在盆深 1/3 处栽种球根。

花土覆盖住球根即可。出芽后，可将花土添加至花盆边缘，以助上根生长。

将出芽的部分栽种在花盆中央。可用 5～6 号盆培育矮性种。

盆栽要领

1 应将以干燥状态越夏的花毛茛、朱顶红埋藏在湿润的花土中，使球根充分吸水。

2 待渐渐吸水的球根胀大如图1右侧的球根时，可将之栽种在加仑盆中开始育苗。

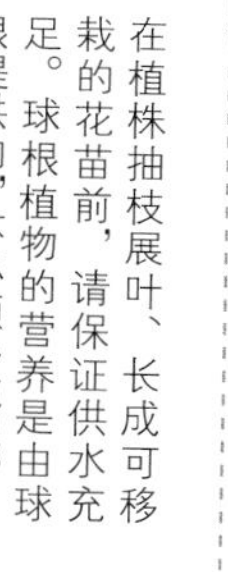

3 在植株抽枝展叶、长成可移栽的花苗前，请保证供水充足。球根植物的营养是由球根提供的，不必额外施肥。

4 准备花盆。在盆底铺垫水土拦护网，再加入大颗粒土和排水性好的花土（赤玉土7：腐叶土3）。

5 可将缓释肥料作为基肥加入土中。应根据苗高与盆深调整花土的厚度。

6 挤压加仑盆取出花苗，取出水土拦护网。移栽时不要伤到根须。

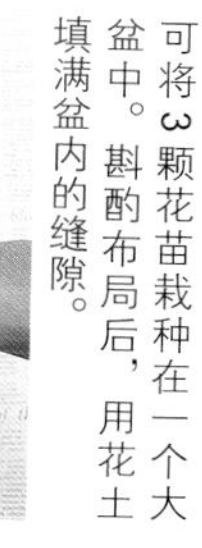

7 可将3颗花苗栽种在一个大盆中。斟酌布局后，用花土填满盆内的缝隙。

8 抬起花盆并轻轻摔夯实花土。若盆内花土仍有凹陷，可再次加土填埋。

9 用漏壶浇水至水从盆底孔洞流出为止。检查盆土是否凹陷下去。

10 花期时的盆栽格外美丽。若想让3颗植株同时开花，则需使花苗的成长速度保持同步。

地栽要领

深耕花土。每平方米的土壤中应加入 3 把腐叶土和缓释肥料。将两种球根并排摆放，确定好栽种位置。

如果等不及要赏花，可以在花园中栽种些不影响球根生长的花苗。

在两苗之间挖一个较深的土洞，拌入缓释肥料。将球根栽种在适当的位置再覆土。

土洞深度应为三枚球根累加在一起的高度。可用做好标记的一次性筷子测量土洞深度。

按照筷子上的标记深挖土洞，做到一球一洞。应用锹竖直挖土洞。

栽种时应确认球根的上下方向。秋水仙等小型球根可在一个土洞中栽种 2 ~ 3 枚。

复位花土，压实，检查花土是否有缝隙。可在栽种处竖起标识牌。

洪水可以让球根与土壤紧密地融为一体。浇水一定要浇透，使水渗入土洞深处。

为防止猫咪到庭院翻开花土，若栽种范围不大，可用育苗箱罩住栽培区。

也可以在苗圃周围喷洒猫咪不喜欢的喷剂，或设置阻碍猫咪行走的铁丝网。花市上有很多驱猫喷剂，如果你家附近野猫很多，可考虑购买使用。

小球根的栽种要领

冬季种下的小球根容易忘记栽种的位置。可挖一个大坑将它们埋在一起。

可在土洞底部放置一张拦护网，再将花土填入网中。

3

撒入一些缓释肥料，与花土搅拌在一起。复位花土，调整球根的栽种高度。

4

将小球根栽种在一处。花谢叶枯时即可挖取球根。用拦护网收集球根会使挖取作业变得非常简便。

栽苗要领

可在选定的位置全方位地播撒缓释肥料，再深耕花土。

挖一个比加仑盆大一圈的土洞，将花盆放入土洞。

从盆中取出花苗进行地栽。仙客来适合栽种在排水性好的半日阴处。

按压花土，使植株根部土坨与周围花土融为一体。覆盖一层腐叶土，以防干燥。

球根植物的养护方法

图为中心长有风信子，四周围绕菊花的混栽盆栽。

虽然菊花尚未开放时，风信子的花朵就已经凋零了，但现在挖取球根仍为时尚早。

可准备好替代风信子的植物，调整混栽花盆。

齐根剪断风信子的花茎。保留叶片促进球根生长。

抓住叶片根部，向上提拉风信子。用园艺锹将风信子连根拔起。

把尚未发育成熟的小球根一球一盆地栽种好，再移至向阳处浇水灌溉。在花盆的土洞中栽入新花苗。

移栽方法大体相似，可根据季节进行移栽作业。勤摘残花败叶能够让人长期体会到赏花的乐趣。

球根的挖取、保存方法

可将花谢叶黄的银莲花球根从土中挖出。挖取前可轻拍花盆，松动花土，更容易拔出植株。

掸除球根上的花土，将之一枚枚地分开放置在通风处阴干。剪去叶片。

下部干枯的部分是年当内栽种的球根。应保存上部两枚较大的新球根。

取下新球根。新球根的数量与出芽数相同，有些新球根还生有子球。

可按照苯菌灵等杀菌剂的使用说明为球根消毒。

未消毒的球根在用水冲洗去表层泥土后，进行晾晒处理。后期应将晒干的球根保存在网兜中。

仙客来的养护方法

当花叶盖住花盆时，应拨开叶片给植株浇水。水不要浇到植株中心，否则会使植株烂根。

花谢后拧动花茎将之拔除。保留花梗和花种会使植株生长疲劳。

仙客来的每片叶片都会生有花朵。不要把水浇到幼芽上。当芽直立起来时，可按压下聚拢在中心的叶片。

芳香植物

此类植物不仅能为我们提供餐饮用的香料和草药茶，还有除臭驱虫的作用。除了芳香的气味，此类植物美丽的花朵与优雅的株姿也有极高的观赏价值，是花园中必不可少的耀眼明星。

芳香植物包括具有实用价值的草本植物和木本植物。欧洲人喜欢栽种此类植物，且拥有漫长的栽种历史。无论古今中外，人们都会将具有药用价值和食用价值的芳香植物应用于生活，为生活增添美味与芬芳。比如，原产日本的花椒就是一味有名的香料。

种类

●包括木本植物和草本植物

很多广受人们喜爱的芳香植物大多都是唇形科植物。薰衣草、木质化的迷迭香、宿根植物中的薄荷、耐寒性较弱的一年生草本植物罗勒都是颇具代表性的芳香植物。部分木质化芳香植物不能在日本越夏过冬，因此本书将之划归为一年生草本植物。

●产地各异

很多芳香植物都生长在地中海沿岸地区弱碱性的土壤中，还有些用来做风味料理的芳香植物生长在热带地区。前者无法越夏，后者不能过冬，很多植物当年就会枯萎死亡。

特征

●植株壮硕、占地面积大

此类植物的花朵虽不够华美，但茎叶却生长得十分旺盛，因此植株会生得比较高大挺拔。植株长大后会绽放星星点点般的小花，展现出别具一格的风情与魅力。有些植物在冬季也不会落叶枯萎，是装扮冬日花园的主要素材。

●种类丰富、气色俱佳

薰衣草和鼠尾草是多种植物和园艺花卉的通称，花市上出售的同类植物也不计其数。这些植物的花朵、叶形各不相同，如果将铜叶色和青橙色等叶色不同的植物栽种在一起，你一定会拥有一个美伦美奂的花园。在过道两边栽种清香的鼠尾草和有驱虫效果的迷迭香会让你在栽种过程中充满欢乐与期待。

●繁育能力强

在收割时或植株成长过程中剪下来的茎可以用插穗育苗法繁育新株。遭遇病害的植株可剪取尚且健康的部位继续繁育新株。

墨西哥鼠尾草

●一年生芳香植物

罗勒

●宿根芳香植物

薄荷

●木本芳香植物

迷迭香

德国洋甘菊

佛手柑

薰衣草

养护要领

此类植物多为多年生草本植物，养护要领与宿根植物（见44页）大体相同。春秋两季可购买生长在加仑盆中的花苗，并将之栽种在花园或花盆中。若想大批量栽种，建议直接购买花种，扦插法和分株法也可进行新株繁育。

夏季的养护需要多多费心。日本炎热的夏季对长势葱茏的芳香植物来说是个噩梦。此时，植株的叶片会因为闷潮而受损，病害也会趁机入侵。可以通过修剪和收割的方式提高植株的透气性。此外，芳香植物不喜欢潮湿的生长环境，必须提高土壤的排水性，将花土隆起再将植株栽种在较高的位置上。

观赏方法

●创建一个只栽种芳香植物的花园

可将心爱的芳香植物集中栽种在一个养花箱里。为了方便采摘到新鲜的芳香植物，可在厨房摆放栽有芳香植物的养花箱，也可以根据植株的高矮和形态打造一个芳香植物花园。将原产地相近的芳香植物混栽在一处也不会有不协调的错乱感。

●收割与晾晒

晾晒可以使植物的香气和成分变得更加浓缩，使用起来也会更加方便。采摘量较大时，可将采摘下来的植物晾晒在通风良好的位置，待其干燥后再收藏起来。也可待其自然风干，作装饰用。

●用扦插法和分株法繁育新株

只摘除叶、花依然无法阻止植株长势的日渐衰弱，其结生的叶、花会越来越小，品质会越来越差。虽然施肥换土也能解一时之急，但鉴于此类植物根须生长较为旺盛，可用扦插法繁育新株。而根须生长缓慢的植物则可用分根法来繁育新株。而且，分根利于植株过冬越夏。

法国薰衣草 Dentāta

羽叶薰衣草

英国薰衣草·女士

花色

绽放着美丽花朵的浪漫植物

薰衣草

●唇形科　常绿小灌木
●树高　30～150cm　●花期　5～9月
●移栽期　9月中旬至10月

生长在地中海沿岸的法国、意大利等国的薰衣草本是一种野生花卉。薰衣草秀挺的茎端生长着形如麦穗般的小花，株姿优雅美丽。据说薰衣草的浓香有能助人缓解压力。可以将之栽种在花园中，也可用其做府绸或工艺品。

栽培要领

种类繁多的薰衣草有的在初夏绽放，有的在初秋绽放，是一种可作树篱用的芳香植物。由于薰衣草含有气味芬芳的薰衣草醇，所以会把整个花园熏染得香气袭人。

▶ **适宜在干爽的环境中生长**　薰衣草适合栽种在干燥的弱碱性薄土中。由于薰衣草不喜日本的梅雨季节，应为其创造日照充足、通风顺畅、土壤排水性良好的生长环境。若在多雨地区栽种，则需多备花土，将之栽种在地势较高的土垅中或为之打造一个位置较高的花园。应在栽种前10天深耕土地，再在每平方米的土地中拌入100g的苦土石灰来调节土壤的酸碱度。最后给花土施加50g左右的缓释肥料。

盆栽时可选用花市上出售的芳香植物专用土，并将花盆摆放在日照充足、通风顺畅的位置。

▶ **适度修剪繁茂的植株**　若薰衣草的枝叶过于繁茂，植株中部就有闷潮的可能。可剪去整枝枝条，使植株恢复健康。若任由开花株恣意生长，则植株很快就会衰弱下去。花谢后，应尽快从花茎下方剪断植株，并合理利用。

薰衣草具有较高的耐寒性。地栽的薰衣草也能过冬。但气温过低时，应在植株根部覆盖一层腐叶土。春夏两季薰衣草易遭蚜虫侵害，可用杀虫剂进行驱虫。

罗勒

甘甜的气味能够让人胃口大开！可以食用的芳香植物

花色 ● ○

●九层塔　●唇形科　春播一年生草本植物
●株高　30～90cm　●采摘期　6～10月
●播种期　9月中旬～10月

罗勒大多分布在非洲和亚洲热带地区。由于罗勒和丁香一样具有浓郁的香气，所以常被人们用在意大利菜、地方风味菜、西洋醋风味菜等菜系中做调料。而罗勒籽表面的多糖类不溶性食物纤维具有吸水后膨胀的特点，可作为维持健康体重的食材。

栽培要领

应将罗勒栽种在日照充足的位置，并选择富含腐殖质、排水性良好的土壤作为花土。你既可以移栽花市上出售的花苗，也可以在春季播种育苗。罗勒的花种只有在气温超过25℃时才能出芽，所以不要播种过早。当满足气温条件时，可在3号花盆中栽种下2～3粒花种，并覆之以厚土。播种后每天都要给种子浇水，直到出芽。可选长势较好的花苗栽种在加仑盆中。

▶ **多多施肥**　在养花箱或花田中定栽时，可把缓释肥料或有机肥以基肥的形式加入花土。应尽早给较粗的花茎摘心，以便让叶腋处的萌芽茁壮成长，让枝叶生得更加繁茂。若想在秋季进行采摘，则需每月为植株追加一次速效化肥。

不及时摘除花穗会使植株的长势迅速衰弱。因此，应尽早处理好这些细枝末节。

▶ **浇水与病害防治的注意事项**　罗勒喜水。炎热干燥的盛夏要为地栽的罗勒多多浇水，以免叶片打蔫干枯。盆栽或养花箱中的表层花土干燥时，浇水应浇透，直至从排水孔流出。

罗勒柔软的叶片易遭蚜虫和鼻涕虫侵食。发现后须及时捕杀，或在植株周边喷洒鼻涕虫除虫剂。注意，采摘前不要给植株喷洒农药。

紫叶罗勒

肉桂罗勒

甜罗勒

花色

果香扑鼻、含情脉脉的小花

甘菊

●岩香菊　野菊花　●菊科　春播，秋播一年生草本植物，耐寒性多年生草本植物

●株高　30～60cm，30～40cm　●花期　5～6月，5～10月

●播种期　4月上旬至中旬，9月下旬至10月上旬

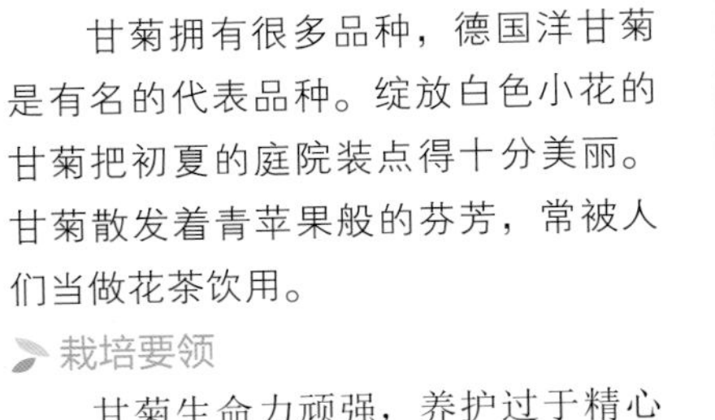

德国洋甘菊

甘菊拥有很多品种，德国洋甘菊是有名的代表品种。绽放白色小花的甘菊把初夏的庭院装点得十分美丽。甘菊散发着青苹果般的芬芳，常被人们当做花茶饮用。

栽培要领

甘菊生命力顽强，养护过于精心反而不利于它的成长，降低了它抵御病害的能力。

应浅耕向阳处的花土，再栽种花苗，或采用撒种的方式培育花苗。甘菊在生长过程中几乎不需施肥。但也可以根据其生长情况为其施加2～3次液体化肥。入春后，甘菊易遭蚜虫侵害。不要用杀虫剂杀虫，而是用手捉蚜虫效果最好。如需干燥保存可在花开后的三天内摘下花朵，再作阴干处理。

多花菊

花色

秀色可餐的芳香植物

百里香

●麝香草　●唇形科　常绿半灌木

●树高　15～30cm　●花期　4～7月

●移栽期　4月，9月

金柠檬百里香

百里香清新的零星小花最适合作地被栽种。此外，百里香还是一款极佳的混栽素材“配角”。叶片泛有辛辣香气的百里香是煮肉炖汤时必不可少的美味调料。

栽培要领

百里香喜欢沐浴强烈的阳光，适合在干燥的土壤中生长。生长在气候温暖地区的百里香不做防寒措施也能过冬。百里香不喜欢潮湿的梅雨季节，很多植株会在此时因闷潮而死。需将之栽种在日照充足的位置，并选择排水性良好的土壤作为花土。

可在春秋两季的养花箱中播撒花种。春播的植株可在秋季定栽，秋播的植株可在次年春季定栽于花园中。百里香不需太多肥料，仅需在花土中施加缓释肥料即可。也可以根据盆栽花的长势适当为之施肥。

可用扦插法轻松繁育新株。

百里香

薄荷

在任何土壤中都能茁壮成长的芳香植物

花色

●西洋薄荷　●唇形科　耐寒性多年生草本植物
●株高　90cm　●花期　6～8月
●移栽期　4～6月

常被用于牙膏中的薄荷散发着爽口的清香。除了较为知名的绿薄荷和胡椒薄荷外，还有生有斑锦的菠萝薄荷等观叶品种。薄荷既可以栽种在庭院中，也可以用作混栽素材。

栽培要领

花友们多会购买花苗进行培育。薄荷的繁育能力强，在任何土质中都能生存。每天让薄荷接受长时间的日照就会生得很好。地栽的薄荷会因为地下茎的“野蛮生长”影响到其他植物。因此，可以在地下埋一个木框圈住薄荷的地下茎，或将栽种在大盆中的薄荷连盆一起埋入地下。

薄荷几乎不需施肥，叶色浅淡时可为之施加液体化肥。薄荷易于杂交，杂交出来的新品种香气也会改变。

绿薄荷

菠萝薄荷

迷迭香

适合地栽、植株高大的芳香植物

花色

●迷迭香　●唇形科　常绿小灌木
●树高　30～200cm　●花期　11月至次年3月
●移栽期　9月中旬～10月

叶片馨香的迷迭香可供全年观赏。大株的迷迭香可作地被栽种。迷迭香的枝条既可以用来炖肉烤肉，也可以制作工艺品。

栽培要领

迷迭香大致可分为直立种及匍匐种，其蓝色、紫色的小花充满了浪漫的气息。将迷迭香栽种在庭院会给我们的生活带来极大的便利。可以购买花苗进行培育，也可以用扦插法繁育新株。迷迭香适合生长在通风干爽的环境中。先在耕耘好的土地中加入缓释肥料，再把迷迭香栽种在土壤中。后期不必为其追肥。可为盆栽花每月施加一次稀释的液体化肥。

大株迷迭香有突然枯萎的可能。因此，当珍稀品种长到一定程度时，及时用扦插法繁育新株。

托斯卡纳蓝色品种

蓝珊瑚

香芹

●荷兰芹
●伞形科　春播，秋播一年生草本植物
●株高　30～70cm　●花期　全年
●播种期　3～4月，9月

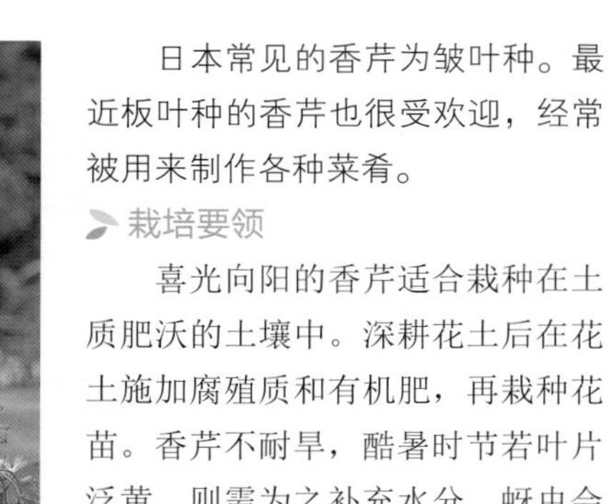
香芹

日本常见的香芹为皱叶种。最近板叶种的香芹也很受欢迎，经常被用来制作各种菜肴。

栽培要领

喜光向阳的香芹适合栽种在土质肥沃的土壤中。深耕花土后在花土施加腐殖质和有机肥，再栽种花苗。香芹不耐旱，酷暑时节若叶片泛黄，则需为之补充水分。蚜虫会侵扰植株，如若发现应立即除虫。

鼠尾草

花色

●唇形科　多年生草本植物
●株高　40～60cm
●花期　4～10月
●播种期　4～5月

鼠尾草

园艺品种的鼠尾草是洋苏的近亲。其芬芳的叶片既有药用价值也有食用价值。当然，鼠尾草也是装扮花园的好素材。

栽培要领

鼠尾草会以常绿的状态在气候温暖的地区度过冬天，且植株年年都会生长。鼠尾草既耐寒也耐旱，在向阳处的沃土中生长时，植株会长得很壮硕。大半天的日照也会让鼠尾草生长得很好。鼠尾草不喜酸性土壤。可将苦土石灰拌入深耕的花土中调节土壤酸碱度。

茴香

花色

●怀香　●伞形科　宿根植物
●株高　1～2m
●花期　6～8月
●播种期　4～5月，9～10月

茴香

茴香生有丝线般的伞状枝叶，是庭栽花卉中令人瞩目的焦点般的存在。气味独特、口味甘甜的茴香很适合用来烹饪鱼类菜肴。

栽培要领

除了常见的绿叶品种，茴香还有铜叶品种。应将茴香栽种在日照充足的位置，并选择排水性良好、富含腐殖质的土壤作为花土。茴香不宜移栽，可直接播种，也可以将加仑盆中的花苗培养到一定程度时再考虑定栽。要及时为茴香驱除青虫和蚜虫。

美国薄荷

装点夏日庭院的绝佳素材

花色

●马薄荷　佛手甜　火炬花
●唇形科　宿根植物
●株高　60～150cm　●花期　6月中旬至9月
●移栽期　3～4月

美国薄荷

花色为红色、粉红色、紫色的美国薄荷最适合装点夏日花园。此花的花、叶不仅有香气，吃起来还有点儿辣。因此，美国薄荷很适合用来制作凉菜，它能够丰富菜肴的口感。

栽培要领

此花适合栽种在能够接受长时间日照的位置。花土需具有一定的湿度。可将之栽种在不会被夏日夕阳余晖灼伤的位置。栽种前应细耕土地，再将腐叶土与有机肥拌入花土后方可栽种。燥热的夏季应为此花及时浇水降温。此外还要预防白粉病对植株的侵扰。

墨角兰

小巧的芳香植物

●甜墨角兰　●唇形科　多年生草本植物
●株高　20～90cm
●花期　5月中旬至8月
●播种期　5～6月，9月

墨角兰

香气恬淡的墨角兰很适合作为烹饪菜肴的调味品。墨角兰的花、叶十分小巧，适合栽种在花盆中观赏。

栽培要领

应将墨角兰栽种在日照充足的位置，并选择排水性良好的土壤作为花土。墨角兰不喜高温潮湿的环境。梅雨季节时，墨角兰会因为生长环境过于闷湿而枯萎死亡。养护时需为其创造干爽的生长环境。墨角兰为半耐寒性植物，冬季时可将地栽花移入花盆，放在向阳的屋檐下养护。冬季还应为此花施加一些有机肥。

香蜂草

生长迅速，在半日阴处也能生存的芳香植物

●蜂香脂　●唇形科　多年生草本植物
●株高　40～100cm
●花期　5～8月
●播种期　4～5月

香蜂草

枝繁叶茂的香蜂草生有清爽的黄绿色叶片。虽然它的气味很像柠檬，但尝起来却没有柠檬的酸爽味道。

栽培要领

香蜂草在高温潮湿的环境也能生长得很好。香蜂草在光线好的半日阴处也能生存。应先用有机肥或堆肥搅拌花土，然后再进行栽种。香蜂草具有一定的耐寒性。在晚秋时剪除枯叶后，用腐叶土覆盖草根，则植株在次年春季生出新芽。

芳香植物的养护方法

1. 播种与移栽

播种前要先确认花种是喜光品种还是喜阴品种。如果将花种播撒在错误的位置，则后期植株的气味就不会十分香浓。另外，此类植物大多生得枝繁叶茂，若土壤的排水性欠佳，则植株就会因生长环境闷潮而受到影响，会出现根须过密、烂根等现象。很多芳香植物不喜酸性土壤，应在栽种前确认土壤的酸碱度。

2. 摘心、整形、修剪

对于不易生长腋芽的薰衣草和迷迭香可用摘心和整形的方法促使植株生得枝叶繁茂。若枝叶过密影响透气性，则可修剪枝叶调整株姿，促进枝叶的更新换代。

3. 繁育

较为常见的方法是用植株的茎、花繁育新株。芳香植物大多都是用分株法和扦插法便能繁育的品种。

修剪要领

墨角兰的众多绽放着花朵的花茎会在地面挺立而生。可在花谢后剪掉徒长花茎。

收割的同时剪短枝条有助于植株根部沐浴阳光。这会使植株生长得更加健壮。

开花会消耗植株的“体力”。为让后发的新芽充满活力，要为植株追肥。轻耕表层花土，以便均匀施肥。

播种要领

把中等大小的花种播撒在育苗盘中，花土应做调适，改良土与泥炭土的比例为8:2。

在花盆底部铺垫拦护网后整平花土。轻弹白纸里的花种，均匀播撒。

3

将育苗盘摆放在较大的盛水容器中，让花种生长在湿润的土壤中。最后插上标识牌。

后期应为生长过密的花苗拉开株距。待花苗生出2～4枚真叶时，可将之移栽到花盆中。

分株育苗法

可用分株法繁育叶片细瘦的香葱。可于距地面几厘米高的位置剪掉葱叶（留下 1～2cm 有绿叶的部分。）

用锹铲断根须挖出植株，这样有利于植株生出新根，促进植株的新陈代谢。

留下粗壮的白色根须，剪掉过长的胡须状根须，以便分株。

可将 3～4 枝葱分为一组。需清除土中残根才能将香葱在原位移栽。

扦插育苗法

当湿度适宜时，可在春夏秋三季用剪刀剪取健硕的枝条用扦插法繁育新株。

截取茎长可设为 8cm，摘除 2 枚下叶。将花茎插在水杯中，使之充分吸水 30 分钟。保持切口湿润。

可用木棍在事先准备好的湿润花土中钻取土洞，插入柔软的花茎。斜插会让花茎稳固地树立于花土中。

使扦插素材的花叶保持在相互能够接触到的距离即可。多多浇水后可将育苗钵摆放在阳光充足的位置。出芽后可将之摆放在向阳处。

常春藤

叶色 ● 斑

种类繁多，适合栽种在墙面上的芳香植物

●土鼓藤 钻天风
●五加科 常绿藤本灌木
●藤长 10m以上 ●观赏期 全年
●移栽期 4～10月

常春藤的叶片大小、颜色、斑锦花纹各不相同，非常具有观赏价值。地栽常春藤的叶片会长得很大。若将之栽种在向阳处，则天冷时叶片就会变成美丽的红色。

栽培要领

十分耐寒的常春藤不喜在高温潮湿的环境中生长。由于常春藤易被土壤中的病原菌侵袭，所以不能用它做地被。应将之栽种在排水性良好的土壤中，令其攀附在竖直或倾斜的壁面上。由于常春藤会发生突然变异的情况，导致其斑锦花纹异常，可将变异的叶片摘除剪断。

洋常春藤 Golden child

五色苋

叶色 ● ● 斑

生有红、绿、黄等颜色对比十分强烈的叶片

●模样苋 红绿草 五色草
●苋科 非耐寒性多年生草本植物
●株高 10～20m ●观赏期 9～10月
●移栽期 9～10月

花市上常见的是五彩缤纷的 amoena group 种群。因其耐修剪和色彩缤纷的特性，可作为园林布置用植物。群栽此类品种可打造一片美丽的地被。

栽培要领

五色苋适合栽种在保水性、排水性均好的沃土中。五色苋虽然在明亮的半日阴环境下也能生存，但若能接受到充足的光照，其叶色就会更加艳丽。施肥过多会使叶色变淡。气温低于 10℃时，植株就会枯萎死亡。可用分株法、播种法和扦插法繁育新株。冬季需要让花苗在室内过冬。

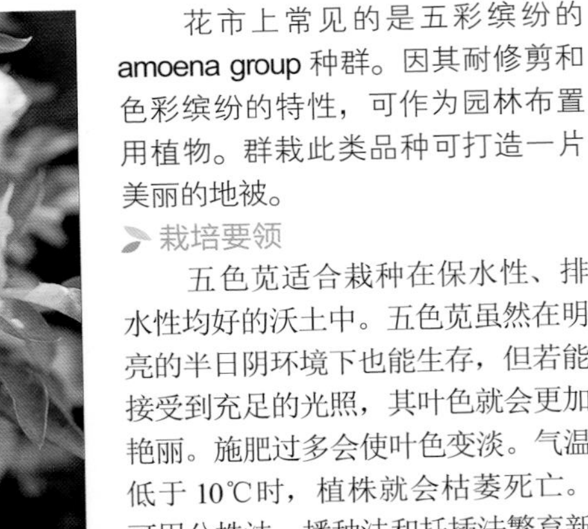

五色苋

金叶番薯

叶色 ● ● ● 斑

形似牵牛花叶片的多彩叶片

●旋花科 非耐寒性多年生草本植物
●藤长 不足5m
●观赏期 4月中旬至11月中旬
●移栽期 5～6月

金叶番薯是旋花科、番薯属多年生草本植物。其叶片有青橙色、紫红色以及生有斑锦的多个品种。

栽培要领

喜光向阳的金叶番薯具有一定的耐阴性。由于其繁育能力强且有超强的耐热性，所以被认为是夏季花园中的最有人气的植物。此花很是耐旱，适合栽种在吊篮中。剪掉部分藤蔓会使植株生长得更加繁茂。金叶番薯不能在气温低于 10℃的地区过冬，晚秋可将之移栽到花盆内放在室内养护。

金叶番薯

地肤

修剪晾晒后的枝条可制作扫帚

叶色

●落帚 扫帚菜
●藜科 春播一年生草本植物
●株高 50～100cm ●观赏期 7～9月
●播种期 4月中旬～5月中旬

夏季，地肤的叶片娇艳欲滴；秋季花茎就会变成红色。秋季时株体通红的品种名叫阿卡普尔科（Acapulco）。地肤的果实会于9月成熟。可将果实煮熟后削去果皮食用，其口感与鱼子酱相似。

栽培要领

地肤的生命力非常顽强。由于它在20℃的环境中就能发芽，可用撒种的方式进行繁育。地肤的根须生长缓慢且容易受伤，可在气温回暖时将之栽种在排水性良好的土壤中。在梅雨季节时修剪两次，会让植株生得更加繁茂，变成一个绿色的绒球。

地肤

锦紫苏

光照良好会使叶色变得更加鲜艳悦目

叶色

●彩叶草 洋紫苏
●唇形科 春播一年生草本植物
●株高 20～100cm ●观赏期 5月中旬～10月
●播种期 4月中旬～5月

锦紫苏

锦紫苏既有纵向生长的品种也有横向生长的品种。可根据观赏位置选择栽种场地。除了生有斑锦的品种，锦紫苏还有复色品种。

栽培要领

应将锦紫苏栽种在日照充足的位置，并选择排水性良好的土壤作为花土。可通过摘心的方式促进枝叶生长，让植株看起来更加繁茂。锦紫苏的花朵并不显眼，结果后植株就会进入疲劳期，应尽早摘取果实。植株的生长速度很快，若将之与小苗栽种在一起，就会影响小苗生长，摘除腋芽可以修整株姿。

细裂银叶菊

衬托花朵的毛毡形叶片

叶色

●白妙菊 雪叶莲
●菊科 春播二年生，多年生草本植物
●株高 40～150cm ●观赏期 全年
●播种期 3月中旬～4月中旬，9月中旬～10月中旬

雪叶菊（千里光属）

细裂银叶菊可分为叶被白色绒毛、刻痕较深、花色金黄的千里光属和叶色较深、花色紫红的矢车菊属两类品种。此花的最佳生长温度为20℃～25℃、叶边生有细小刻痕的雪叶莲被视为同类。

栽培要领

较为耐寒的细裂银叶菊是装扮冬季花园的必备素材。应将之栽种在日照充足的位置，并选择排水性良好的土壤作为花土。摘心会让植株生得更加茂盛。老株叶色较浅，可用播种法繁育新株。

叶色 斑

蔓长春花

较为耐热、夏季盛开青紫色花朵的芳香植物

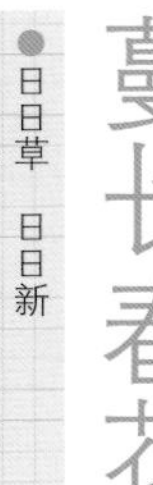

●日日草　日日新
●夹竹桃科　常绿蔓性植物
●藤长　40~50cm　●花期　4~6月
●移栽期　3月中旬至6月中旬，9~10月

蔓长春花

蔓长春花是叶片边缘生有斑纹的蔓性半灌木，肉厚光亮的叶片看起来十分可爱。蔓长春花具有较强的繁育能力和旺盛的生命力，适合地栽。此花还有很多耐寒性较强的品种。

栽培要领

此花适合栽种在明亮的阴凉处。花枝竖直向上生长，长大后会匍匐铺满地面。因其具有“落地生根”的特性，可用它剪切下来的茎叶繁育新株。此花不耐严霜，可用扦插育苗法培育新株。

叶色 斑

新西兰麻

充满存在感的小型品种

●金边剑麻
●龙舌兰科　半耐寒性多年生草本植物
●株高　60~100cm　●花期　6~7月
●移栽期　3月上旬至中旬

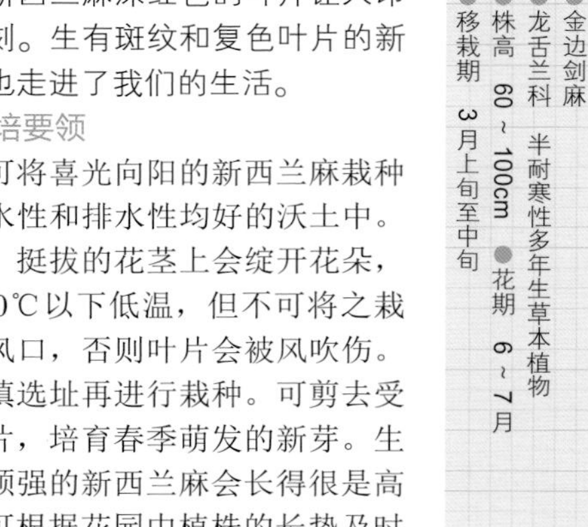

粉红豹

新西兰麻深红色的叶片让人印象深刻。生有斑纹和复色叶片的新品种也走进了我们的生活。

栽培要领

可将喜光向阳的新西兰麻栽种在保水性和排水性均好的沃土中。夏季，挺拔的花茎上会绽开花朵，可耐0℃以下低温，但不可将之栽种在风口，否则叶片会被风吹伤。应谨慎选址再进行栽种。可剪去受损叶片，培育春季萌发的新芽。生命力顽强的新西兰麻会长得很是高大。可根据花园中植株的长势及时为其分株。

叶色 斑

斑叶络石

拥有美丽叶片的可爱植物

●万字茉莉　花叶络石
●夹竹桃科　常绿蔓性植物
●藤长　10~30cm　●观赏期　全年
●移栽期　4~6月，9~10月

初雪葛

斑叶络石生有美丽的粉红色新芽。秋冬时节生有黄斑的“黄金锦”是十分养眼的人气品种。

栽培要领

此花具有较高的耐寒性和耐热性，宜栽种在明亮的阴凉处。绿叶增多会使植株颜色发暗，夏日直射的阳光会灼伤叶片。缺肥少水都会影响叶片斑纹的形成。可通过修剪促进枝叶生长。可用扦插法培育叶片生有美丽叶片的斑叶络石。

黄金薄荷

具有耐阴性的芳香植物

叶色 斑

●瑞典香茶菜 ●唇形科 非耐寒性多年生草本植物
●株高 30～60cm
●观赏期 全年
●移栽期 5月中旬至6月

薄荷叶

叶片边缘生有白斑的薄荷叶也叫瑞典香茶菜。除了生有肉厚的黄绿色叶片的品种，此类植物还有银叶品种和斑锦的品种。

栽培要领

养护时要避免阳光直射。可栽种在排水性好、干爽透气的土壤中。直立生长，枝条后期会铺满地面。当株姿凌乱时，可从根部进行修剪。地栽花无法过冬，可将之移栽到花盆中再搬至室内养护。盆栽时的花土不宜过湿。

千叶兰

自由生长的藤蔓甚是有趣

叶色

●千叶吊兰 铁线兰
●蓼科 常绿蔓性植物 ●藤长 3～5m
●花期 7～8月
●移栽期 3～4月

千叶兰

观叶植物千叶兰拥有较高的人气。只要不是气温极低的地区，千叶兰是可以地栽的。会被风霜摧残的植株也可以用扦插法繁育新株。

栽培要领

耐阴耐寒的千叶兰很容易养护。纤细的枝条恣意舒展，接触到地面就会生根。有些品种不耐干旱，盆栽时不可缺水。修剪除了能够让枝叶生长繁茂，还能让盆栽花和种植床的植株充满灵性。可用扦插法和分株法繁育新株。

花树·庭树

在庭院中栽种树木会让庭院环境焕然一新。大树底下好乘凉，枝繁叶茂、根基稳牢的树木会创造出一片适合花草生长的优良环境，也为你的生活带来“福荫”。因此，可将美丽的观花树木和观叶的庭栽树木巧妙地栽种在一处，打造一个美丽的花园。

与花茎变化明显的草本植物相对的是茎干粗壮有会木质化树干的木本植物。木本植物可分为观花的花树和非观花的庭树。开花美丽被人们视为杂树的野茉莉也属于庭树范畴。

种类

●落叶树和常绿树

落叶树是指当寒冷或干旱季节到来时，叶片会枯死脱落的树种；常绿树是指新叶发生后老叶才逐渐脱落，终年常绿的树种。叶片呈针状或鳞片状的树木是常绿针叶树（针叶树），而生有其他叶形的树木被称为“落叶阔叶树”“常绿阔叶树”。

●乔木、小乔木、灌木

原产地树高超过 8m 的树为“乔木”，不足 3m 的是“灌木”，介于二者之间的是“小乔木”。但这种划分标准并不严谨。有时人们把超过 10m 的树称为“乔木”，把超过 30m 的树称为“大乔木”，把树冠宽度较小的灌木称为“小灌木”。

特征

●改善庭院环境

高大挺拔的树木不仅引人注目，还会让庭院看起来更具立体感。树木还可以为庭院遮风挡雨、保护水土、美化家园，为草本花卉创造宜居环境，成为草本花卉的“高大上”衬托。可根据个人需求选择树种。另外，树木的栽种方法也是很有讲究的。

●突显季节感

很多花友都喜欢在庭院中栽种落叶树。春季树会发芽开花展现生机；夏季，会抽枝展叶给庭院带来一片绿意；秋季，叶片转为鲜红，枝头缀满硕果；冬季，寒风中枯枝瑟瑟，尽显清冷禅意。落叶树可以让我们轻易地觉察到四季的变化和时光的流逝。高大的落叶树会占据庭院的大面积位置，是很有存在感的树种。

●可以控制树高

树木的高度不是固定的。受气候、水肥等因素影响，树木的生长度也是会发生变化的。修剪可以改变树高和树宽。也可以根据庭院布局来决定树木的修剪尺度和大小。

栽培要领

树木不能轻易移栽。你一定要在明确栽种目的后再选址种树。可在种下树苗后多多浇水，让土壤

山茱萸树和光叶石楠组成的树篱

●常绿树

针叶树

栀子

●落叶树

皱叶木兰

日本紫茶

木槿

●花树

梅花

绣球花

●庭树

光叶石楠

枫树

和树根粘合在一起。栽种时不要让树根暴露在外。注意，有些树种是不能移栽的。

育苗时可通过修剪树枝的方式让树苗生得枝繁叶茂。树苗在生长3年后才会开花，可根据庭院面积修剪树枝。修剪既能防止树枝生得过于粗壮，也能有效控制树木长势。

花树的修剪方法和时期是由花芽萌生的时间和萌芽方式决定的。虽然花树的修剪多在花谢后萌芽前的这段时期，但若枝条老化、生长过粗，就必须舍弃花芽修剪枝条。

观赏方法

●巧用杂木

那些不被人们做木材使用的树木统称为杂木。小巧柔软的杂木非常适合用来装扮现代住宅。日本紫茶、山茱萸、野茉莉等花美枝纤易于打理的树木向来是庭栽花树的主力。

●确定主树

美化庭院时必须先确定主树，将之作为庭院的中心。日本园林中的主树多为造型周正的松树和枫树等，即便单株也具备观赏价值的高大树木。不过，你不必拘泥于这个标准，可以根据庭院的布局和个人爱好进行选择。

●要栽种易于修剪的树木

修剪树木可比修剪花花草草复杂多了。修剪时是你亲自出马还是请园艺师帮忙，一定要考虑清楚。建议你选择生长缓慢不必经常修剪的树木美化庭院。

月季

气质非凡的花中女王

●蔷薇　●蔷薇科　落叶灌木，爬藤木本植物
●树高　0.3～10m　●花期　5～11月中旬
●栽种期　11月下旬至次年2月，4月中旬～5月

花色

在100种原生品种的基础上又培育出更多品种的月季花称得上“花中女王”之名。

栽培要领

日本的月季也有10多个原生品种，庭树月季多为园艺品种。月季大致可分为四季开花型的大花型杂种茶香月季（HT：Hybrid Tea）、花冠稍小一点的中花型丰花月季（FI：FLoribunda Roses）、矮性种微型月季（Min：Miniature Roses）和藤蔓月季（CI：CLimbing Roses）。

最近，在杂种茶香月季问世以前（19世纪以前）培育出的古老月季以素雅的芳姿又赢得了较高的人气。其杂交品种英国月季成了装点花园的好素材。

查尔斯的磨坊

朱诺

男爵

月季花形

花形是花瓣数、花朵形状、花瓣形状的总称。

剑瓣高芯形：指花芯高卷、花瓣边缘略尖上翘的品种。代表品种为杂种茶香月季。**半剑瓣高芯形：**指花芯高卷、花瓣边缘以柔和的角度上翘的品种。代表品种为杂种茶香月季和丰花月季。**杯状花形：**指花形似碗的品种。古老月季和英国月季是此类花形的代表品种。**深杯形：**花朵形似深杯，以英国月季为主。**玫瑰形：**密集地包裹在一起的花瓣在绽放时会舒展开来，古老月季和英国月季多为此形。**四成玫瑰形：**四成花形与玫瑰类似的品种。代表品种为古老月季和英国月季。**圆瓣形：**花瓣边缘成圆形的品种。**内抱形：**开放时中心的花瓣看上去似乎是把外部的花瓣包裹起来的品种。**单瓣形：**只有一层花瓣的品种。**半重瓣形：**部分花瓣重叠而生的品种。**重瓣形：**多层花瓣重叠在一起，花朵看起来十分立体的品种。**平开形：**花瓣以几近水平的角度绽放、雄蕊显眼的品种。**蓬松形：**短小的花瓣紧凑如球的品种。花冠较小的月季多为此形。

养护要领

想要延长花期，就要为月季多施水肥，并使其沐浴明媚的阳光。这是让月季枝繁叶茂、好花常开的关键所在。藤蔓月季和单株月季的养护要领稍有不同，本书后面章节会为你详解养护要领。

▶ **栽种要领**　月季的树苗可分为用嫁接法培育的秋季上市的2～3年生大苗和用同样方法培育的初夏上市的5～6个月的新苗。新手养花可选择价钱稍

格拉汉 · 托马斯

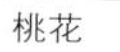

桃花

格特鲁德 · 杰基尔

杂种茶香月季

初恋

赫尔穆特 · 施密特

摩纳哥公主

贵却易于成活的大花苗，并于 11 月下旬到次年 2 月间把花苗栽种在光照充足、通风顺畅、土壤肥沃的环境中养护。作业前可将花根浸泡在水中，取下嫁接切口的胶带。先挖一个较大的土坑，再把堆肥、牛粪填入土坑。月季适合生长在保水性好的土壤中，为了确保花土的排水性，可把月季栽种在高一些的位置上。要把月季的嫁接口露出地面。应在 4 月中旬到 5 月之间移栽新苗。在保证根部土坨完整、不摘取嫁接胶布的前提下进行移栽。

▶ **施肥要领** 月季喜肥。应在月季落叶期的 12 月下旬至次年 2 月在植株间挖一条“补给通道”。可将堆肥、骨粉、苦土石灰填入通道中。可以给一株 2 ～ 3 年生的月季施加 1L 的花肥，再用牛粪覆盖花根来保湿。施肥应在休眠期的 1 ～ 2 月和花谢后的 6 月下旬、8 月下旬进行。抓取 3 ～ 4 把用等量的油渣和骨粉混合而成的肥料以及粒状化肥播撒在花根处。

▶ **整形 · 修剪要领** 四季开花的月季是从去年生的

丰花月季

白雪公主（冰山）

藤蔓月季

游行

花霞

行囊

印第安梅兰迪娜

枝杈上生出新枝，又在新枝枝稍开花的品种。花谢后，花枝还会生长新枝，并再次开花。此类月季会在春夏秋三季开花 2 ～ 3 次。一季开花的月季没有上述特性。进入 2 月，月季便会萌芽。从年末到次年 1 月期间，可进行大幅度的修剪来调整树形。可直接剪去 1/2 的枝条调整树高，为保险起见，也可以只剪掉 1/3 左右的树枝。修剪会让花根的长势变得更加旺盛。若能多施化肥，月季就会发出很多新枝。5 ～ 10 月时，可进行小幅度修剪，剪去月季的开花枝，这样做会让月季二次开花。

▶ **病害防治**　月季在 4 ～ 10 月的生长期会遭遇蚜虫、卷叶蛾、红蜘蛛、蚧壳虫、白粉病、黑星病、霜霉病等多种病虫害。为了预防病害，可每 2 ～ 3 周为植株喷洒一次杀虫剂和杀菌剂。此外，落叶期的 12 月至次年 2 月上旬可为植株施加 2、3 次 15 ～ 20 倍的石灰硫磺合剂和机油乳化剂除虫杀菌，这是栽种月季时必不可少的防护作业。

Spanish Beauty

鸡尾酒

天使

微型月季

Rosmarin89

金币

橙梅兰迪娜

藤蔓月季

藤蔓月季并不是说它的茎具有攀爬性，而是说花刺会使它攀附在其他树木上。此类月季有在地面匍匐生长的品种，也有株高 3m 左右，树枝繁茂的品种。此类月季在移栽、施肥、病害防治、繁育花芽等方面与直立生长的月季大体相同。

▶ **整形 · 修剪要领** 可在 12 月下旬至次年 1 月萌芽之前为此类月季修剪、调整树形。月季花枝较硬，修剪时注意不要掰断树枝。花枝多刺，修剪时要戴上手套。

可留下开过花的枝条 2 ～ 3 颗花芽，剪去其余部分。月季花开在枝稍或枝条前端，可以水平修整枝条，让枝条上多多地开出美丽的花朵。

杜鹃

生活中最常见的观赏花卉

花色 ● ● ○ ○ ● 复色

●山踯躅 皋月杜鹃 ●杜鹃花科 落叶灌木，常绿灌木
●树高 0.3～2m ●花期 2月中旬至6月中旬
●栽种期 9至12月，3月中旬至7月中旬，11月至次年3月

杜鹃花可分为在各处山野中野生的映山红、久留米杜鹃、皋月等常绿性品种，还有玄海踯躅、三叶杜鹃、羊踯躅等落叶性品种。

树高、花期、花色、花容也是划分杜鹃品种的重要依据。

树形端正的庭树杜鹃有开花繁盛的大花型平户杜鹃，也有花色丰富、结花多的矮性种久留米杜鹃。平户杜鹃是日本冲绳庆良间杜鹃的自然杂交品种。后期又在长崎县平户地区培育出了大型灌木园艺品种。久留米杜鹃是鹿儿岛山野中自生的雾岛杜鹃，后于江户时期在久留米地区改良出的园艺品种。

若想打造一个充满自然风情的庭院，可以考虑栽种三叶杜鹃和羊踯躅。前者是日本中部山林中花期较早的野生灌木，后者是生于山地间的灌木。

同一品种的杜鹃若精心修剪就比较符合西式审美，若“不修边幅”就能体现日式风情。

日阴踯躅和黄莲花踯躅等野生品种还有开黄花的品种，其花色远比园艺品种的花色多得多。你可以根据用途和庭院布局选择杜鹃花的品种和培育方法进行栽种。

很多人都分不清杜鹃花和皋月杜鹃。后者是农历5月（皋月）开花的杜鹃，因此被称为皋月杜鹃。此花也有多姿多彩的众多园艺品种。

莲花杜鹃（日本杜鹃）

三山雾岛

栽培要领

常绿杜鹃和落叶杜鹃的修剪、养护方法稍有不同，养护时应多加注意。杜鹃花种类繁多，你既可以购买开花株也可以根据个人喜好从花苗开始培育。

▶ **栽种要领** 常绿杜鹃可在3月以后、花期时、9～12月进行栽种。落叶杜鹃可在严寒期以外的落叶期，11月至次年3月进行栽种。应将杜鹃花栽种在日照充足的位置，并选择排水性良好的沃土作为花土。杜鹃花以浅栽为宜，适合在酸性土壤中生长，可在花土中加入腐叶土、鹿沼土、泥炭土。栽种完成后还要为花根覆盖厚厚的腐叶土和泥炭土为其保湿。

▶ **施肥要领** 可在花谢后或8月下旬抓取2～3把用等量的油渣和粒状化肥混合而成的肥料播撒在花根处。此外，覆盖花根的腐叶土也能为植株补给养分。

▶ **修整·修剪要领** 常绿杜鹃和落叶杜鹃的修剪方法是不一样的。

观叶赏花的目的不同，则修剪要领也不一样。若你希望看到杜鹃花优美的株姿，则

糯杜鹃 · 花车

小叶三叶杜鹃

Azalea leopold

皋月杜鹃 · 松镜

久留米杜鹃 · 诸洒窝

不必顾虑时期，随时都可以按照你心中的“理想型”对植株进行修剪。

6月中旬至8月，杜鹃花的新枝会萌生花芽，修剪作业必须在此前完成。若新枝过少，则杜鹃花便无法在来年开花。花谢后，可修整树形，让树冠看起来更加周正。

落叶杜鹃的出芽率相对较低，只剪去密生的枝条或从树冠中抽出来的枝条即可。

▶ **病害防治**　杜鹃花会遭遇多种病虫害。比如，致使叶片发白的军配虫、红蜘蛛，侵食花苞的玫斑钻夜蛾、卷叶蛾、蚧壳虫等等。叶片生有斑点是得了褐斑病的表现，可定期施药防治。

花色 复色

有人气的花树

山茶花

●茶花 ●山茶科 常绿乔木，常绿灌木
●树高 2～10m ●花期 10月下旬至4月，10月至12月
●栽种期 3月中旬至5月中旬，9月上旬至10月中旬

山茶花自古以来就为人所爱，拥有较高的人气。人们在野生品种的基础上又培育出了很多园艺品种。

种类

日本的山茶花多指生长在从本州太平洋沿岸到冲绳岛地区的野生红色单瓣春山茶花。山茶花生长在九州以南地区，可按照花期分为山茶花、寒椿和春椿等品种。这两类茶花自古以来便受到了人们的喜爱，而且它们在欧美等国经过品种改良后更是拥有了大量的粉丝。

虽然山茶花的花形大同小异，但有的品种在凋落时其花冠会整体掉落，有的山茶花的却是一瓣一瓣地凋零。两类山茶花的花色、绽放特征、植株大小都非常丰富。近年，原产东南亚的黄色金茶花经杂交后培育出了结花多、气味好的山茶花。新品种一经问世就俘获了花友们的芳心。

购买花苗时应参考花期、花容进行选种。

狮子头

春山茶花·加茂本阿弥

栽培要领

茶花具有较强的萌芽能力，大幅度的修剪也不影响植株生长。可根据庭院的布局修剪出理想的树形。

▶ **栽种要领** 可在八重樱开花时（约3～4月）将山茶花栽种在向阳处，并选择排水性良好的土壤作为花土。不过，日照过强也会使植株缺水枯萎，最好将茶花栽种在上午光照好，下午较阴凉的位置。9月上旬至10月中旬也能进行移栽。栽种树苗的土坑要挖得大一些，需在坑内多加堆肥和腐叶土，植株要栽种得稍微高一些。

▶ **施肥要领** 要为茶花施肥三次，即寒肥、花后肥和8～9月间的追肥。抓取3～4把用等量的油渣和骨粉混合而成的肥料播撒在花根处。如果没有骨粉，也可用粒状化肥代替。

▶ **整形·修剪要领** 花谢后的两个月，新枝顶端会生出新的花芽。此时剪枝就不会继续开花了。因此，7月之后不要再修剪枝条了。

花谢后、出芽前是修整树形的最佳时期。比如，秋季开花的山茶花要在3月新枝生长之前完成。若你希望植株自由生长，便可在花谢后进行修剪。修剪时可留下开过花的枝条3～5芽，再剪去其余部分。剪枝应在花谢后进行，可将破坏植株整体造型的枝条齐根剪断。不过，茶花在最初生长的几年只长叶不开花。花少并不是因为修剪方法有问题，而是因为它正处于旺盛的生长期。

玉之浦

小公主

山茶花·雪山

侘助椿·白侘介

雪茶·少女椿

春山茶花·卜半

▶ **病害防治要领**　茶花在4～8月时易遭茶毒蛾侵害。卷叶蛾、蚧壳虫也是茶花的天敌，应定期撒药除虫。茶花还会得让花苞、花朵变成褐色、花朵早早凋落的花腐病。为防止病情扩散，应尽快摘除病花并集中焚烧。开花前可为之喷洒杀菌剂。芽和叶片如果像烙饼一样地鼓起来，则需要对症下药进行治疗。

八仙花 · bluefresh

栎叶绣球

美国绣球 · 安娜贝尔

山绣球 · 红

绣球花

花色

花色多变的七色花

绣球花

●八仙花　紫阳花　●虎耳草科　落叶灌木，攀援木本植物
●树高　1.5 ~ 2m　●花期　6 ~ 8月
●栽种期　2月下旬 ~ 3月

绣球花是在梅雨季节盛开的初夏花卉。由于绣球花在开放过程中花色会逐渐改变，所以也被日本人称为“七变化”。

常见的绣球花是在生于山野中额紫阳花的基础上改良来的园艺品种。山紫阳花是额紫阳花的另一个品种，其花朵比绣球花小，适合栽种在面积较小的庭院中。山紫阳花有很多变异品种，诸如“黑公主”等园艺品种也有很多。八仙花是欧美人把日本品种在改良后又输入给日本的花种。原产美国的安娜贝尔、栎叶绣球、圆锥绣球等圆锥绣球的园艺品种也得到了花友们的喜爱。

栽培要领

花谢后方可修整绣球花的枝叶。但修剪太迟就会影响植株再次发芽。

▶ **栽种要领**　2月下旬至3月是栽种绣球花的好时节。应将之栽种在避风阴凉处。应选富含有机质排水性好的土壤做花土；栎叶绣球应栽种在向阳处，并选择保水性良好、土质肥沃的土壤作为花土。

▶ **施肥方法**　1～2月时，可抓取2～3把用等量的油渣和粒状化肥搅拌在一起的肥料播撒在花根处。

▶ **整形 · 修剪要领**　9～10月上旬，新枝顶端的2～3节处会生有花芽。若你不希望植株生长过大，可在花谢后立即修剪枝条，这样做会让植株在秋季多发新枝。

绣球花无需修剪也能保持良好的树形，大量开花。不过，由于花朵只开在新枝的顶端，所以绣球树会越长越高。如果未能在花谢后及时剪枝，也可以在落叶期修剪枝条。大幅度修剪很可能影响绣球花在次年的绽放，修剪时应注意把握修剪程度。

梅花

俏也不争春，只把春来报

花色 ● ● ○

●春梅 红梅 ●蔷薇科 落叶小乔木
●树高 5～6m ●花期 2～3月（6月结果）
●栽种期 12月中旬至次年2月

梅花原产中国，庭栽梅花可分为观花类梅花及花果具有实用价值的梅花。

梅花有300多个园艺品种，花色分为白、红、粉红三种颜色，花形有单瓣、重瓣等品种，可根据花容选择喜欢的品种。

栽培要领

日本有句俗语叫“不知修剪梅花的人是傻瓜”。这么说是因为若任由梅花恣意生长的话，则梅花不仅结花少，树形也会凌乱不堪。因此，修剪梅花是非常重要的。

▶ **栽种要领** 梅花树先生根后发芽，应在发芽前的12月中旬到次年2月之间进行栽种。应将梅花栽种在不被冬季寒风侵扰的向阳处。要选择排水性良好、土质肥沃的土壤作为花土。

▶ **施肥要领** 可用油渣、骨粉、缓释肥料调配花肥。再于12月下旬至次年2月上旬和8月下旬至9月上旬将花肥播撒在树根处。氮肥不可过量。

▶ **整形・修剪要领** 7月，新枝的短枝上会生出花芽，花芽会在次年春季绽放。梅花的长枝是不生花芽的，可于12月至次年1月的落叶期修剪长枝。修剪时可从枝条根部上数10颗芽后留下一半，再剪去其余部分。若剪剩2～3颗芽，则次年此处枝条便会成为不开花的长枝。

▶ **病害防治** 梅花会遭遇多种病害的侵袭。蚜虫、毛虫、苹果透翅蛾、黑星病等病害都会对植株生长形成威胁。可在植株枝叶繁茂的4～6月定期喷药防治。12月至次年2月，可用20倍的石灰硫磺合剂喷涂植株，这样也能有效预防病害的发生。

南高梅

红梅

白难波

皱皮木瓜

花色 复色

花艺丰富的早春花树

●木瓜 汤木瓜 ●蔷薇科 落叶小灌木
●树高 1～2m ●花期 1～2月
●栽种期 9月中旬～11月

昭和锦

皱皮木瓜的花在早春时节绽放，是原产中国的木本花卉。日本人对皱皮木瓜进行了品种改良，并培育出了很多新品种。皱皮木瓜的花色、花形十分丰富，你可以尽情挑选自己喜欢的品种栽种在庭院中。

越后美人

栽培要领

皱皮木瓜适合在9月中旬至11月进行栽种。春季栽种易使皱皮木瓜感染根头癌肿病。应将皱皮木瓜栽种在日照充足的位置，并选择保水性、排水性良好，富含腐殖质的土壤作为花土。皱皮木瓜的生命力十分顽强，在任何土质中都能生存。

当年内生出的新枝才会生长花芽，较长的枝条则不会开花。主干部分和2～4年生的枝条上也会生有花芽。可于9月下旬至11月进行修剪，作业前要事先确认枝条上有无花芽。长枝只留数芽即可，其余部分剪去。

马醉木

花色

吊钟般的花朵十分可爱

●杜鹃花科 常绿灌木
●树高 1.5～3m ●花期 4月
●栽种期 3～4月，10月

马醉木

圣诞佳肴

春季，马醉木状如铃兰般的白色小花如麦穗般依次绽放。此花枝叶有毒，动物若误食其枝叶便会出现醉酒般的症状。生命力顽强的马醉木多被人们栽种在庭院中美化环境。

栽培要领

3～4月及10月是栽种马醉木的最佳时期。此树根须很细，栽种时只要不伤害它的根须就能全年栽种。马醉木最适合生长在半日阴环境中。若土壤富含腐殖质，它也可以生长在日照较好的位置。此树不宜移栽，选址需要谨慎。

7～8月，新枝顶端会孕育花芽。花朵会于次年绽放。花谢后可及时修剪枝条。但入夏后不宜修剪，否则植株便无法在次年开花。秋后可剪去乱枝修整树形。

皱叶木兰 木兰

枝头上的报春花

花色

●木兰 望春 ●木兰科 落叶乔木 落叶灌木
●树高 8～10m、2～4m ●花期 3～4月、4～5月
●栽种期 2～3月，11～12月

星花玉兰

玉兰是原产中国的木本植物。开花时，此树的枝条前端会绽放长约10cm的白色莲状花朵。白玉兰相对的是紫玉兰。皱叶木兰是日本的野生品种。小型种星花玉兰也比较适合栽种在庭院中。白玉兰、皱叶木兰是在生叶前的3～4个月开花的。

紫玉兰

栽培要领

2～3月和11～12月是栽种此类花卉的最佳时期。应将此花栽种在日照充足的位置，并选择排水性良好、富含腐殖质的土壤作为花土。应在栽种植株的土坑内填入大量堆肥和腐叶土。

6月，生满新枝的短枝顶端会孕育花芽，长枝则不会。可在此树的落叶期（12月至次年2月）修剪枝条，修剪前要事先确认枝条上有无花芽。长枝可齐根剪断，也可只留3～5颗芽再剪去其余部分。

樱花

春日里最可爱的精灵

花色

●东京樱花 日本樱花 ●蔷薇科 落叶乔木，灌木
●树高 2～15m ●花期 3～5月
●栽种期 12月至次年3月上旬

樱花·天河

樱花在日本民间被视为国花，可见樱花已经成了日本文化的象征。日本的樱花种类繁多，树高和花容也多种多样。栽种时应根据庭院的布局进行选种。

栽培要领

12月至次年3月是栽种樱花的最好时期。将樱花栽种在日照充足的位置，并选择排水性良好、富含腐殖质的土壤作为花土。樱花树无需修剪也能保持良好的树形。花谢后，短枝顶端会孕育花芽，长枝则会生有花芽。可在1～2月为樱花树剪枝，及时剪去树冠中影响树形的杂枝。粗枝应齐根剪断，剪除后应为切口涂抹伤口愈合剂。

红枝垂

瑞香

花色

一缕报春的纷芳

●睡香 ●瑞香科 常绿灌木
●树高 1～2m ●花期 3～4月
●栽种期 3月中旬～5月上旬

瑞香

瑞香是颇具代表性的芳香花树。早春时，紫红色的花朵会散发出浓郁的香气。此外，瑞香还有白花瑞香和浅黄白纹镶边的斑锦瑞香等品种。

白花瑞香

栽培要领

瑞香是生长在气候温暖地区的植物，气温上升的3月中旬～5月上旬是栽种瑞香的最好时期。应将之栽种在不受强风侵袭且日照充足的位置，并选择排水性良好、富含腐殖质的土壤作为花土。大株瑞香不宜移栽，很容易就会枯死，应谨慎选址栽种地点，避免移栽。

此树无需修剪也能保持良好的树形。也可根据庭院布局在花谢后修剪树枝。可留下部分老枝，再剪去余枝。花谢后，新芽会在夏季在新枝顶端开放。

檵木

花色

枝条上开满白色小花的常绿树

●金缕梅科 常绿小乔木
●树高 3m ●花期 5月中旬～6月
●栽种期 4月中旬～5月上旬，9～10月上旬

檵木

5月中至6月，檵木黄绿色的花朵会在叶腋处三五一丛地绽放。花朵分4瓣，呈细绳状。结花多的檵木下垂的枝条上会开满花朵，看上去甚是可爱。此树还有花色红艳的红花檵木等品种。

红花檵木

栽培要领

4月中旬～5月上旬及9～10月上旬是最佳栽种时期。此树不耐寒，应将之栽种在避风处养护。应在栽种植株的土坑中填入足量的堆肥和腐叶土。

此树无需修剪也能保持良好的树形。也可根据庭院布局在花谢后修剪树枝，也就是2～3月的上旬最宜剪枝。可以通过整理枯枝、剪除徒长枝、梳理树冠中乱枝的方式修整树形。

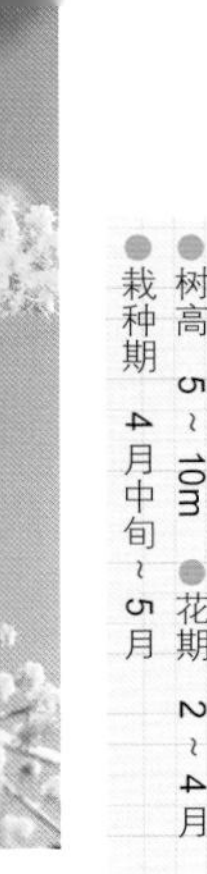

银荆

银荆

生有美丽黄花的早春花树

花色

●鱼骨松 ●豆科 常绿小乔木
●树高 5～10m ●花期 2～4月
●栽种期 4月中旬～5月

日本出售的银荆多为叶色银绿的贝利氏相思及银荆。银荆有较为耐寒的品种，无论何品种，大多银荆均开黄色花朵。

栽培要领

原产于气候温暖地区的银荆不耐风寒，可在气温较高的4～5月进行栽种。应栽种在不受强风侵袭且日照充足的位置，并选择排水性良好的土壤作为花土。

新枝顶端会孕育花芽。花谢后可为之修剪枝条，也可任由小树自由生长，令其长成枝条繁茂的状态。大风会折断银荆的枝干，剪掉长枝，能提升采光与通风效果。

金雀花

令人印象深刻的蝶形花朵

花色

●紫雀花 ●豆科 落叶灌木
●树高 2～5m ●花期 4～5月
●栽种期 4～5月上旬，9～10月

金雀花

原产欧洲的金雀花在4～5月时枝条上会开满黄色蝶形小花。放射状生长的绿色柔枝与黄色花朵相映成趣。金雀花还有很多园艺品种，比如花瓣为红色的颊红金雀花。

栽培要领

大株金雀花不宜移栽，应谨慎选址栽种地点。4～5月上旬与9～10月是最佳栽种时期。应将此树栽种在日照充足、通风顺畅的位置。

若不及时修剪，下垂的枝条看起来就会非常凌乱。去年生枝的叶腋处会生长花芽，大幅度修剪要在花谢后进行。此树树枝生长较快，可剪去枝头部分，但不可将枝条全部剪掉。应梳理枝条，使树形变得自然美观。可将结花少的老枝齐根剪断，保留去年生长的花枝维系植株生长。

颊红金雀花

海棠

●海棠花 ●蔷薇科 落叶小乔木
●树高 3～4m ●花期 4～5月
●栽种期 12月至次年3月

海棠花

别名为海棠花的海棠原产中国。4～5月，缀满鲜红色花朵的下垂枝条格外美丽。有一种花梗修长下垂的品种叫垂丝海棠。

栽培要领

12月至次年3月是最佳栽种时期。应将之栽种在日照充足的位置，并选择排水性良好的沃土作为花土。若将海棠栽种在背阴、潮湿处或土质贫瘠的土壤中，则植株便不会开花。

应及时剪掉小枝和徒长枝，以免影响树形。落叶期的修剪是必不可少的作业。新生的壮实短枝顶部会生有花芽，次年春季花芽便会开花。可齐根剪断无芽树枝，可保留生于徒长枝基部的10颗花芽，再剪掉其余部分，让生有花芽的短枝充分生长。

山茱萸

●开花山茱萸 山萸肉
●山茱萸科 落叶小乔木 落叶乔木 ●树高 5～10m
●花期 4～5月 ●栽种期 2月下旬至3月中旬，11月中旬至12月

山茱萸·切罗基首领

花期在4～5月的山茱萸是原产北美洲的植物。此花的4片“花瓣”其实是花苞部分，而花朵中心黄绿色的部分才是真正的花朵。秋季，生有深红色果实的红叶也十分美丽。

山茱萸

日本山茱萸的花瓣略尖，植株抗病害能力强，是被人们广泛栽种的庭树品种。

栽培要领

萌芽前的2月下旬至3月中旬以及落叶后的11月中旬至12月是最佳栽种时期。应将之栽种在日照充足的位置，并选择排水性良好、富含腐殖质的土壤作为花土。

7月，壮实的短枝顶端会萌生花芽。秋季应检查枝条是否生有球状花苞。落叶期的12月至次年2月可以进行修剪。可剪掉不开花的长枝、理顺纠缠在一起的杂枝修整树形。

十大功劳

花果与常绿的叶片各展风流

花色

- 木黄连 ●小檗科 常绿灌木
- 树高 1～2m ●花期 3～4月
- 栽种期 3月中旬～5月，8月下旬～10月

charity

此树叶片很像柊树叶。3～4月绽放的黄色6瓣小花呈伞房状微微下垂，与油亮的叶片相映成趣。成熟的紫黑色果实也非常雅致。

阔叶十大功劳

栽培要领

3月中旬至5月及8月下旬至10月是最佳栽种时期。应将之栽种在日照充足的位置，并选择排水性良好、富含腐殖质的湿润土壤作为花土。此树较为耐阴，栽种在庭院背阴面也能生得很好。

植株在自由生长的情况下，枝叶会生得杂乱无序。可留下3～5条树枝，再齐根剪断其他树枝和徒长枝修整树形。需剪除老叶，仅保留枝头的3～4枚叶片即可，以便保证通风顺畅。可在6～7月进行剪枝。

牡丹

国色天香的富贵之花

花色

- 富贵花 ●芍药科 落叶灌木
- 树高 1～2m ●花期 4～5月
- 栽种期 9月下旬～11月上旬

御所樱

牡丹是原产中国的花卉，但在其漫长的栽培历史中，可根据其栽培地点将之划分为日本牡丹、中国牡丹和西洋牡丹。牡丹有很多园艺品种，其花色、花形也十分丰富。

栽培要领

9月下旬至11月上旬是最佳栽种时期。应将之栽种在日照充足的位置，并选择排水性良好、富含腐殖质的黏质土作为花土。最好不要栽种在会被夕阳余晖照射到的位置。

花芽生长在新枝上部，无需修剪花枝。冬季可将无花芽枝和无用枝全部剪掉。若不希望植株生得太高，可在5月中下旬留下生于叶腋处的花芽，摘除枝条上方花芽，剩余花芽会在花期开花。冬季可将花芽以上的部分全部剪掉。

八千代

花色 ● ○

溲疏

●空木 ●巨骨 卯花 ●虎耳草科 落叶灌木
●树高 2～3m ●花期 5～6月
●栽种期 10月至次年4月

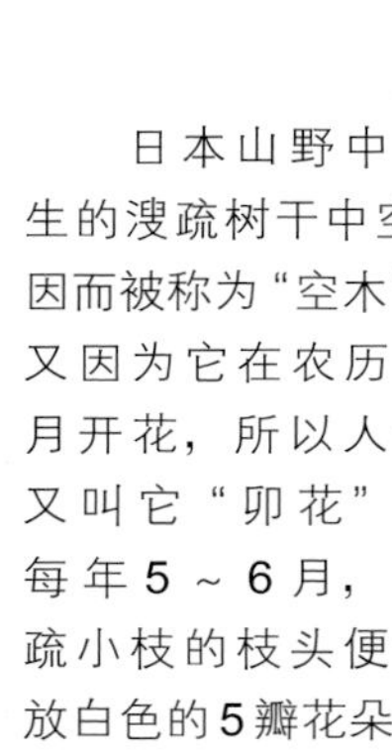

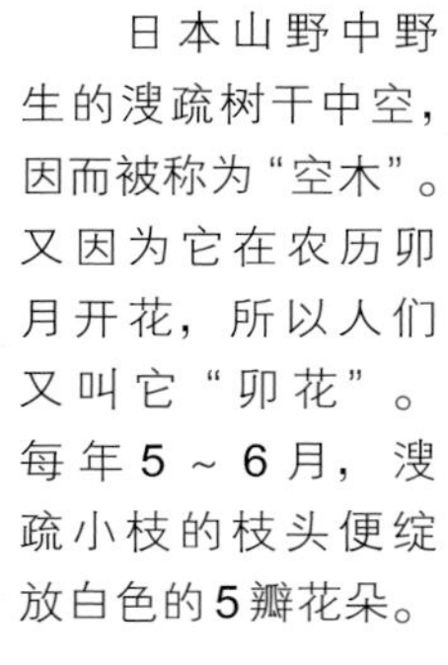

日本山野中野生的溲疏树干中空，因而被称为“空木”。又因为它在农历卯月开花，所以人们又叫它“卯花”。每年5～6月，溲疏小枝的枝头便绽放白色的5瓣花朵。

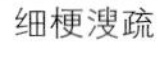

细梗溲疏

欧洲山梅花

栽培要领

10月至次年4月是最佳栽种时期。应将之栽种在日照充足的位置，并选择排水性良好、富含腐殖质的湿润土壤作为花土。应在栽种树苗的土坑中加入充足的腐叶土和堆肥。

往年抽枝的叶腋处生长的新枝上会萌生花芽。修剪时不要误伤春季抽枝的树枝。应及时摘剪枝叶，否则树枝就会伸向四面八方，变得杂乱无章。花谢后可剪去徒长枝，齐根剪断老枝。若植株过大，则可剪去1/3甚至1/2的枝条，以此促进植株新陈代谢。

花色 ○

荚蒾

●檕迷 ●五福花科 落叶灌木
●树高 1～2m ●花期 5月（结果9～11月）
●栽种期 11月至次年3月

荚蒾是灌木林和附近山林中较为常见的落叶灌木。初夏时节，此树枝头上的白色小花纯净如雪，还有结生黄色果实的欧洲荚蒾。

荚蒾还有簇生呈手鞠状，开有白里透红的小花的备中荚蒾、日本荚蒾、粉团荚蒾等品种。

粉团荚蒾

天目琼花

栽培要领

11月至次年3月是最佳栽种时期。此树生长不择土质，有半天能晒到阳光就足以让它安然生长。应选择排水性良好、富含腐殖质的沃土作为花土。

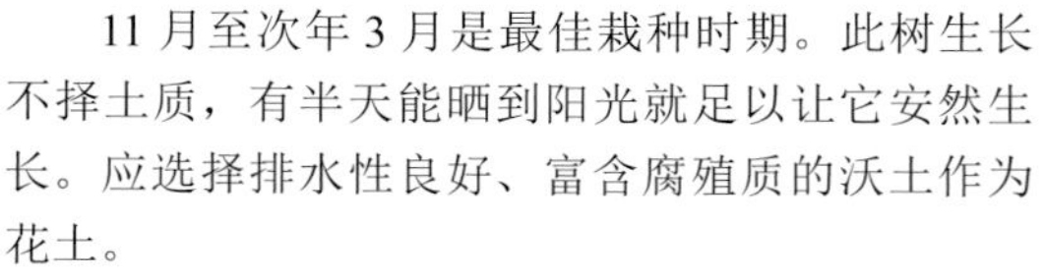

基部短枝的顶芽会生成花芽。花朵会在次年绽放。枝条前端虽然长，却不会开花。

可在12月至次年2月修剪枝条。修剪时剪掉徒长枝和树冠内部小枝即可。剪枝要齐根剪断。

Vossii

花色

展现初夏活力的金色花朵

阿勃勒

●金链花 黄金雨 ●蝶形花科 落叶乔木
●树高 10m ●花期 5～6月
●栽种期 2～3月

原产欧洲中南部的阿勃勒在初夏时会下垂绽放长约2cm的金黄色花朵。由于此树开花的样子很像黄色的紫藤花，因此日本人也将名为golden chain的此树直译为“金锁”。广为栽种的品种是Vossii。

栽培要领

2～3月是最佳栽种时期。长势旺盛的阿勃勒具有一定的耐寒性。应栽种在日照充足的位置，并选择排水性良好、富含腐殖质、具有保湿性的土壤作为花土。不要栽种在风口处。

夏季，当年内生长的短枝会生出花芽。次年春季，花朵会绽放于伸长的新枝叶腋处。可剪掉2/3的徒长枝，这会使基部能够生长出更多健壮的短枝。修剪应在12月下旬至次年2月进行。

常绿杜鹃 · purple slender

山月桂 · Ostbo Red

花色 复色

绽放具有华丽质感的花朵

常绿杜鹃 山月桂

●石楠花 美国石榴花 ●杜鹃花科 常绿灌木
●树高 1～4m ●花期 4～5月
●栽种期 2月下旬～3月、9～10月

此树可分为日本山地野生的常绿杜鹃和欧美改良的西洋常绿杜鹃，此类植物也可称为台湾山地杜鹃。常绿杜鹃花容、花色豪华多彩，拥有众多园艺品种。北美洲野生的山月桂也叫美洲月桂。此类花树被引进日本后，受到了广大花友的喜爱。

栽培要领

2月下旬至3月和9～10月是最佳栽种时期。应选择排水性良好、富含腐殖质的土壤作为花土。不要将之栽种在会被夕阳余晖灼伤的位置。此树喜酸性土，可在土坑中多添加腐叶土和泥炭土。此树不需修剪也能保持良好树形，只需将枯枝和树干附近生出的枝条剪掉即可。

花色

如梦如烟般的芳姿十分动人

黄栌

●黄栌木　黄栌树　烟树　●漆树科　落叶小乔木
●树高　5m　●花期　5～6月
●栽种期　3～4月上旬

Young Lady

从中国西南部到欧洲南部的广大地区都可以看作是黄栌的故乡。5 ~ 6月，新枝顶端会绽放许多小花，黄栌的花朵虽然不起眼，但花谢后长长的花梗却像羽毛般优雅美丽。如青烟般的花姿也为此树博了个“烟树”的美名。7 ~ 9 月间均能观赏到此树美丽梦幻的芳姿。

栽培要领

3～4月上旬是最佳栽种时期。此树不喜移栽，应谨慎选址栽种位置。应将之栽种在日照充足的位置，并选择排水性良好、富含腐殖质的干爽土壤作为花土。

花朵会开在新枝顶端，落叶期可修剪枝条调整树形。不要从枝条的中部进行修剪，那会使植株枯萎。可把无用枝齐根剪断。

花色

硕大的花冠别具一格

木本蔓陀罗

●大花蔓陀罗　天使的号角　●茄科　常绿小乔木
●树高　3～5m　●花期　7～11月
●栽种期　4月中旬～5月

木本蔓陀罗

花冠硕大下垂，被称为“天使的号角”的木本蔓陀罗积聚了较高的人气。傍晚时分，此花会散发出怡人的芳香。此花还拥有橙色、白色、黄色、桃红色等诸多花色。虽然此树不甚耐寒，但还只要最低温度在 0℃以上的地区都可进行地栽。此树是从一条茎分出多条枝杈的树形，可以按照标准树形进行打理。

栽培要领

气温逐渐回升的 4 月中旬～ 5 月是最佳栽种时期。应栽种在日照充足、不被寒风侵扰的位置，并选择排水性良好、富含腐殖质的沃土作为花土。

花谢后剪枝有助于新枝的生长和花朵的再次绽放。应在霜降前剪除所有花枝，再用保温膜包裹树干。也可以在 9 月中旬将植株移栽到花盆中，做好过冬的准备。

栀子

花朵芬芳、果实可以入药

花色 ○ ●

●黄栀子 ●茜草科 常绿灌木
●树高 1.5～3m ●花期 6～7月
●栽种期 4～5月上旬，8月下旬～9月

栀子

栀子是花朵芬芳木本植物的代表。其橘红色的果实既可以入药，也可以做染料。由于其果实没有裂痕开口，所以日本人也叫此花“无嘴花”。

栀子

栽培要领

栀子本是生长在气候温暖地区的植物。4～5月上旬和8月下旬至9月是最佳栽种时期。栀子在半日阴处也能生长得很好，养护时应使之免遭寒风侵袭。应选择排水性良好、富含腐殖质的湿润沃土作为花土。

此树无需修剪也能保持良好的树形。因此，仅需剪掉影响树形的乱枝和纠结丛生的杂枝即可。花谢后应尽早剪枝，入秋后剪枝会误伤花芽。

日本紫茶 红山紫茎

树干俏丽的木本花卉

花色 ○

●日本紫茶 红山紫茎 ●山茶科 落叶乔木
●树高 10～5m，8～10m ●花期 6～7月
●栽种期 12月，2～3月上旬

日本紫茶

形似山茶又在夏季绽放白色花朵的红山紫茎虽然是一日花，但由于其花苞较多所以总体花期也相对较长。

日本紫茶是红山紫茎的“近亲”。与后者相比，前者的枝叶、花朵都相对较小。白色的5瓣小花精致得如同纸质工艺品一般。

栽培要领

每年的12月和次年2～3月上旬是最佳栽种时期。应将之栽种在日照充足的位置，并选择排水性良好、富含腐殖质的湿润土壤作为花土。

当年内新生的健壮短枝和长度中等的枝条上会萌生花芽，长枝不生花芽。1～2月落叶期是修剪枝条的最佳时期。修剪时要把枝条剪得错落有致。可将无用枝齐根剪断，让植株保持天然的杂木树形。

红山紫茎

花色

盛夏时节热情绽放的花朵

夹竹桃

●洋桃 ●夹竹桃科 常绿小乔木
●树高 3～5m ●花期 7～9月
●栽种期 4～9月

夹竹桃

原产印度的夹竹桃叶似竹叶，花若桃花，因而被命名为“夹竹桃”。耐热的夹竹桃能在骄阳似火的 7 ～ 9 月持续开放。

栽培要领

夹竹桃本是生长在气候温暖地区的植物，气温较高的 4～9 月是最佳栽种时期。应将之栽种在日照充足、不受寒风侵扰的位置。

夹竹桃长势甚旺，其根部的枝条多生得较为粗壮，应及早保留 2～3 根枝条，并使之长成树干。夹竹桃具有较强的萌芽能力，枝条的长势也极其旺盛。往年老枝的枝头也会生有花芽。第二～三批的花朵会在新枝枝头绽放。应使枝条间保持适当距离，保证通风顺畅。若树冠过大，则可齐根切断老干，促进植株的新陈代谢。

花色

盛夏绿遮眼，此花满堂红

紫薇

●痒痒花 百日红 ●千屈菜科 常绿小乔木
●树高 3～5m ●花期 7～9月
●栽种期 3～4月

白花品种

能在盛夏绽放的紫薇花因为“物以稀为贵”而积聚了较高的人气。紫薇树茶褐色的树皮光泽熠熠、圆润柔软，就连灵巧的猴子也很难在树枝头窜蹦跳跃。因此日本人也将紫薇树称为“猿滑”。

栽培要领

樱花开放的 3～4 月是栽种紫薇的最佳时期。应将之栽种在日照充足的位置，并选择排水性良好、富含腐殖质的沃土作为花土。日照不足会影响结花数。紫薇不宜移栽，栽种前应慎重选址。

紫薇花会在新枝枝头绽放。枝条无论从哪里剪断，植株都会萌生新芽。12 月至次年 3 月是最佳修剪时期，延期修剪会影响花苞数量。可齐根剪断开过花的枝条。反复修剪 3～4 年后，枝稍处就会结生肿瘤状的“疙瘩”，可将此处一并剪除。

红花品种

木槿

花期从夏季到初秋的木本花卉

花色

●锦葵科 落叶小乔木、灌木
●树高 2～4m，1～2m ●花期 7～8月，7～10月
●栽种期 3～4月上旬

木槿·宗旦

原产中国的木槿花是朝开夕落的“一日花”，有单瓣、半重瓣、重瓣等品种。花色有白色、桃红色、紫色、白中带红等多种颜色。此花在中国及日本的九州、冲绳等地区均有分布。7～10月，花色淡红的花朵会灿然绽放。

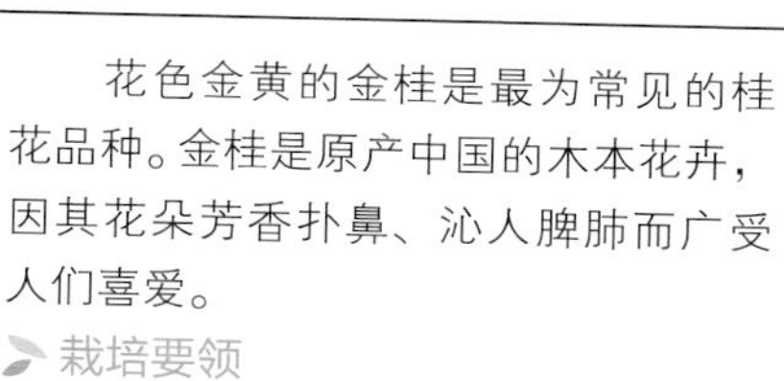

栽培要领

3～4月的上旬是最佳栽种时期。芙蓉花生命力顽强、长势旺盛，若将之栽种在日照充足的位置，并为其准备排水性良好的干爽土壤，那么即便土质略微贫瘠，木槿也能生得很好。

新枝的枝节处会萌生花苞。花期时，花苞会从下往上依次绽放。冬季修剪不会误伤花芽，即便剪掉新枝也没有关系。但最好给植株基部留下10cm的生长空间。

木槿

金桂

气味甜美芳香的秋季名花

花色

●月桂 丹桂
●树高 4～8m ●木犀科 常绿乔木
●栽种期 4～5月上旬，9～10月中旬 ●花期 9～10月

金桂

花色金黄的金桂是最为常见的桂花品种。金桂是原产中国的木本花卉，因其花朵芳香扑鼻、沁人脾肺而广受人们喜爱。

栽培要领

气温上升的4～5月上旬和9～10月中旬是最佳栽种时期。应栽种在日照充足的位置，并选择排水性良好的沃土作为花土。

可在花谢后的2、3个月内为金桂修剪整形。只保留开花花枝的2、3节，这样4月时桂树就又会萌发新枝。6月末，长势健壮的新枝叶腋处会萌生花芽。虽说常绿庭栽树木的修剪多在7月进行，但7月是桂花花芽发育的最关键时期，因此，千万不要在此时修剪桂树。金桂萌芽力较强，可为其修剪出各种造型。

花色

早春时节的群生金花

金缕梅

●忍冬花 ●金缕梅科 落叶小乔木
●树高 5～6m
●花期 2月
●栽种期 11～12月，2月下旬至3月

PaLLida

日本人将报春的金缕梅称为“第一报春花”。

栽培要领

11～12月以及2月下旬至3月是最佳栽种时期。应选择排水性良好的土壤作为花土。虽说此树无需修剪也能保持良好的树形，但由于植株会越长越高，所以应根据庭院布局每年修剪一次。12月至次年1月，应在确认枝条上是否生有花芽之后再作修剪。

花色

银装素裹的俏丽花姿

珍珠绣线菊

●喷雪花 雪柳 珍珠花 ●蔷薇科 落叶灌木
●树高 1～2m
●花期 3～4月
●栽种期 11～12月，2～3月

喷雪花因为其下垂的枝条开满了雪白色的小花，其叶片又与柳叶相似，因而得名“雪柳”。

栽培要领

11～12月和2～3月是最佳栽种时期。应选择排水性良好的土壤作为花土。生满花朵的下垂枝条极具观赏性，修剪时不要剪断枝条。冬季时可以剪去无用枝和老枝。

雪柳

花色

依身枝头眺望春天的黄花

日本山茱萸

●日本山茱萸 春黄金花 秋珊瑚
●山茱萸科 落叶小乔木 ●花期 3月
●树高 5～10m
●栽种期 2～3月，11～12月

日本山茱萸金灿灿的小花依身枝头，占尽春光。日本人将之称为“春天的黄金花”。到了秋季，其红色的果实十分可爱。因此日本人也叫此树“秋珊瑚”。

栽培要领

此树可在除严寒期以外的落叶期进行栽种。应将之栽种在日照充足的位置，并选择排水性良好的湿润土壤作为花土。11～12月中旬，可保留长枝的5～6颗花芽，再剪去其余部分。

金时

日本吊钟花

花色

秋叶动人的花树

●满天星踯躅 灯台踯躅 ●杜鹃花科 落叶灌木
●树高 1～2m
●花期 4～5月
●栽种期 2月中旬～4月上旬，9月下旬至12月

日本吊钟花

日本吊钟花在春季会绽放壶状白花，其红色的秋叶也十分美丽。

栽培要领

2月中旬至4月上旬和9月下旬至12月是最佳栽种时期。此树虽然在半日阴处也能生长，但若还想欣赏到红色的秋叶，就必须让它沐浴充足的阳光。应将之栽种在日照充足的位置，并选择排水性良好的土壤作为花土。8月中旬前，健壮的新生短枝枝头会萌生花芽。修剪作业要在6月中旬前完成。

碧桃

花色

桃花节时必不可少的花树

●千叶桃花 ●蔷薇科 落叶小乔木
●树高 3～10m
●花期 3～4月
●栽种期 11～12月，2～3月上旬

碧桃是赏花用桃树。拥有很多园艺品种的桃树在3月是必不可少的花树。

栽培要领

11～12月及2～3月上旬是最佳栽种时期。应将之栽种在日照充足的位置，并选择排水性良好、土质肥沃的干燥土壤作为花土。夏季，新枝叶腋处会萌生花芽。花芽会在次年春季开花。12月至次年2月或花谢后是修剪枝条的最佳时期。可剪掉徒长枝修整树形。

碧桃

连翘

花色

能让人们感受到春季喜悦感的花树

●黄寿丹
●木犀科 落叶灌木
●树高 3m ●花期 3～4月
●栽种期 2～4月，11～12月

连翘

连翘原产为中国。展叶前的3月，鲜黄色4瓣筒状花会开满枝头。灿烂的黄花会让四周的环境也跟着明媚起来。

栽培要领

2～4月和11～12月是最佳栽种时期。应将之栽种在日照充足的位置，并选择排水性良好、土质肥沃的土壤作为花土。可在12月至次年1月或花谢后进行修剪，可将开花不多的老枝齐根剪断。每4～5年可在花谢后为树木做一次大幅度修剪，以便提高树木的生长品质。

花色 ○

丛生的白花形似雪球

麻叶绣线菊

● 麻叶绣球 ● 蔷薇科 落叶灌木
● 树高 1.5～2m
● 花期 4～5月
● 栽种期 11月至次年3月

麻叶绣线菊

4～5月间，麻叶绣线菊的花球将枝条压得摇摇欲坠的样子十分美丽。

栽培要领

11月至次年3月是最佳栽种时期。此树虽然在半日阴处也能生长，但最好将之栽种在日照充足的位置，并选择土质肥沃的湿润土壤作为花土。9～10月，新枝的叶腋处会萌生花芽。次年，长长的短枝会绽放花朵。不要胡乱剪掉树枝的枝稍，只剪掉影响树形的枝条即可。

花色

肉嘟嘟的紫红色花朵紧紧地包裹着花枝

红花羊蹄甲

● 紫荆 洋紫荆 ● 豆科 落叶灌木
● 树高 2～4m
● 花期 4月
● 栽种期 2月中旬至3月中旬，11～12月

此树原产中国。在生叶前，其紫红色的蝶形小花会紧紧地包裹着枝条。

栽培要领

落叶期、11～12月、2月中旬至3月中旬都是最佳栽种时期。应栽种在日照充足的位置，并选择排水性良好的土壤作为花土。

植株根部会分生出很多蘖，放任不管会影响树形。可随时剪断碍眼的枝条，调整树形。

紫荆花

花色 ○ ○

生活中常见的野花

棣棠花

● 棣棠 地棠 ● 蔷薇科 落叶灌木
● 树高 1～2m
● 花期 4月
● 栽种期 2～3月，11～12月

棣棠花

日本各地山野均能看见棣棠花的身影。其黄色的花朵在春风中舞动的样子堪称风情万种。

栽培要领

2～3月和11～12月是最佳栽种时期。可将此花栽种在半日阴处，并选择富含腐殖质、略微湿润的土壤做花土。

此树无需修剪也能保持良好的树形。可在1～2月齐根剪断从地面生长出的长枝。花谢后，可齐根剪断生长4～5年的老枝，以便让植株旺盛生长。

花色 ● ○

含笑花

气味如香蕉般甘甜的花树

●唐黄心树 香蕉花 ●木兰科 常绿小乔木 ●树高 3～5m ●花期 4月中旬～6月 ●栽种期 5月

含笑花

含笑花的气味与香蕉相似，因此也被称为香蕉花树。

栽培要领

气温恒暖的 5 月是最佳栽种时期。应将之栽种在日照充足、不被寒风侵扰的位置，并选择排水性良好的土壤作为花土。

新生枝条的叶腋处会生有花芽，长势旺盛的长枝不生花芽。2 月上旬，可将不生花芽的长枝齐根剪断，或留下 3～5 颗芽后剪去余枝。

花色 ○

山楂花

丛生的花朵美不胜收

●山里红花 ●蔷薇科 落叶灌木 ●花期 4～5月（9月结果） ●树高 1.5～3m ●栽种期 12月中旬至次年2月

5～10朵为一丛的5瓣白花点缀得树冠繁花似锦。

栽培要领

12 月中旬至次年 2 月是最佳栽种时期。应将之栽种在日照充足的位置，并选择排水性良好、富含腐殖质的沃土作为花土。基部健壮的短枝上会萌生花芽，徒长枝不生花芽。树木过于高大时，可在落叶期剪去徒长枝。修剪时每枝可保留 5～6 芽，之后剪去余枝即可。

山楂花

花色 ●

粉花绣线菊

初夏时节美如云霞般的花树

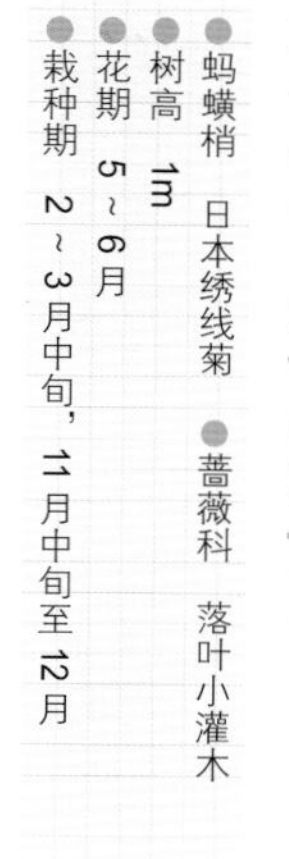

●蚂蟥梢 日本绣线菊 ●蔷薇科 落叶小灌木 ●树高 1m ●花期 5～6月 ●栽种期 2～3月中旬，11月中旬至12月

金焰绣线菊

5～6月间，粉花绣线菊枝头上丛生的淡红色小花绽放于枝头，其样态美如烟霞。

栽培要领

2～3 月的中旬和 11 月中旬至 12 月是最佳栽种时期。应将之栽种在日照充足的位置，并选择排水性良好、具有保湿性的土壤作为花土。

此树花朵绽放在新枝枝头。你可以按照理想高度修剪枝条。可将不开花的老枝齐根剪断，以便促进新枝生长。修枝可于每年的 1～2 月进行。

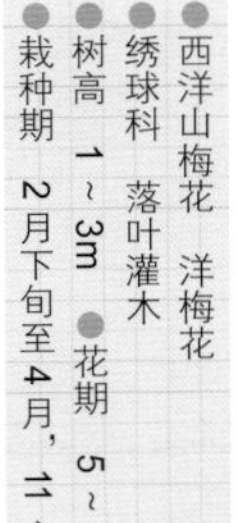

欧洲山梅花

香远益清的花树

花色 ○

● 西洋山梅花 洋梅花
● 绣球科 落叶灌木
● 树高 1～3m ● 花期 5～6月
● 栽种期 2月下旬至4月，11～12月

欧洲山梅花

5～6月，欧洲山梅花又白又香的小花悄然绽放在枝头，它们形似梅花，常常5～10朵地凑在一起开放。

栽培要领

2月下旬～4月和11～12月是最佳栽种时期。应将之栽种在日照充足的位置，并选择排水性良好、富含腐殖质的湿润土壤作为花土。

此树无需修剪也能保持良好的树形。其花朵会绽放在往年枝条叶腋处生出的新枝枝头。12月至次年2月的落叶期可以剪去徒长枝并梳理杂枝。

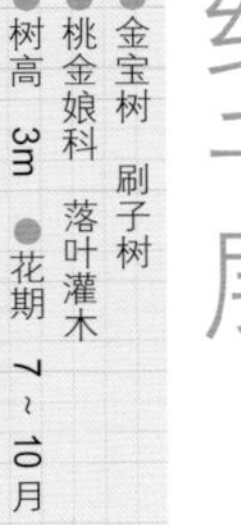

红千层

刷子一样的花冠个性十足

花色 ●

● 金宝树 刷子树
● 桃金娘科 落叶灌木
● 树高 3m ● 花期 7～10月
● 栽种期 4月中旬～9月

红千层

初夏，此树枝头会开满红色的花朵。由于花朵形似刷子，所以人们将其称为“刷子树”。

栽培要领

红千层是生长在气候温暖地区的花树。气温较高的4月中旬至9月是最佳栽种时期。应将之栽种在日照充足、不被冬季寒风侵袭的位置，并选择排水性良好、富含腐殖质的土壤作为花土。

此树无需修剪也能保持良好的树形。红千层的花朵会开放在健壮的新枝枝头。11月至次年2月，可修剪树冠内的错落小枝。

丁香花

香气袭人的花树

花色 ● ○ ●

● 紫丁香 丁香
● 木犀科 落叶灌木
● 树高 2～3m ● 花期 4～5月
● 栽种期 12～2月

丁香花

丁香是一种广为人知的花树。其法文写作“Lilas”，英文写作“Lilac”。4～5月，烂漫于枝头的丁香花会散发出迷人的香气。

栽培要领

12月至次年2月是最佳栽种时期。丁香花在任何土质的土壤中都能生存。应栽种在日照充足的位置，并选择排水性良好的沃土作为花土，这会让植株长势变得更好。

丁香花芽生于枝条顶端。冬季，应辨别枝条上是否生有花芽，再剪去无花芽的无用枝和小枝。

火龙珠

花色

雄蕊醒目的鲜艳黄花

●火龙珠
●金丝桃科 半常绿小灌木
●树高 1m ●花期 5～9月
●栽种期 4月

火龙珠

此类植物的花期较长，可供人从初夏观赏到初秋。火龙珠的雄蕊比花瓣还要长，由于其叶形与柳叶相似，所以日本人将之称为“美容柳”。

栽培要领

4月是最佳栽种时期。应将之栽种在日照充足的位置，并选择排水性良好的土壤作为花土。

此树无需修剪也能保持良好的树形。花朵会绽放在新枝枝头。

六道木

花色

花期悠长、气味甜香的花树

●交翅
●忍冬科 半常绿灌木
●树高 1～2m ●花期 6～10月
●栽种期 3月下旬至4月，9～10月

六道木

红花六道木

六道木吊钟形的白色、淡粉色小花会在夏秋两季持续开放。六道木是能够抗空气污染的花树。

栽培要领

应栽种在光照充足、通风顺畅的位置。若土壤排水性良好，则此树在任何土质的土壤中都能生长。

此树长势旺盛，经得住大幅度修剪。花朵会绽放在新枝枝头。修剪从树冠上逸出的枝条一定要适度。

圣诞欧石楠

花色

钟形小花如风铃般摆动在枝头

●蛇眼石楠花 ●杜鹃花科 常绿灌木
●树高 1～2m
●花期 12月至次年4月中旬
●栽种期 3月中旬～4月

圣诞欧石南

此树的园艺品种十分丰富，但能够适应日本气候的品种是有限的。

栽培要领

3月中旬～4月是最佳栽种时期。应将之栽种在日照充足的位置，并选择排水性良好的土壤作为花土。此树小枝密集，树形不必修剪也能保持得很好。圣诞欧石楠的枝条易向上生长，花谢后应根据庭院布局整形修剪。

槭树

叶色美丽又魅力十足

●枫树 ●槭树科 常绿灌木
●树高 8~15m ●观赏期 4~5月（叶色新绿），10~11月中旬（红叶）
●栽种期 12月中旬至次年2月中旬

日本人将槭树叶写作“红叶”，足可见槭树秋叶的魅力。最常见的槭树分为两种，一种是掌状3裂且裂痕较浅的品种，多俗称为枫树；另一种是掌状5裂及5裂以上品种。但有些品种不好归类划分，人们也经常把槭树的品种搞混。如今，人们根据不同地区的气候环境培育出了更多品种。你可在确认树种之后，购买嫁接切口较好的嫁接苗。

鸡爪槭 · 鸭立泽

种类

槭树有很多品种。比鸡爪槭叶片更大的红丝带鸡爪槭分布在日本海沿岸。红丝鸡爪槭和红丹枫是鸡爪槭的变种。色木槭是生长在气候寒冷地区和高山野生的乔木，其硕大的叶片到了秋季就会变成美丽的

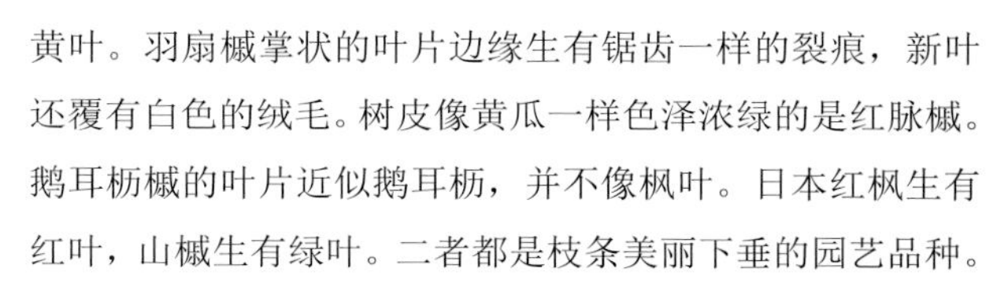

黄叶。羽扇槭掌状的叶片边缘生有锯齿一样的裂痕，新叶还覆有白色的绒毛。树皮像黄瓜一样色泽浓绿的是红脉槭。鹅耳枥槭的叶片近似鹅耳枥，并不像枫叶。日本红枫生有红叶，山槭生有绿叶。二者都是枝条美丽下垂的园艺品种。

此外，日本还有从中国引进的三角枫、从欧美引进的梣叶枫，加拿大国旗上的糖槭等品种。近来，叶片生有斑锦的槭树也非常有人气。

三角槭 · 花散里

栽培要领

▶ **栽种要领** 落叶后的2月中旬是栽种槭树的最佳时期。红色的秋叶是槭树的最大看点。光照充足、昼夜温差大是确保叶色变红的基本条件。应尽量为此树提供类似生长环境。应选择排水性良好、富含腐殖质的土壤作为花土，应在种植坑中填满腐叶土和堆肥。要让槭树除根部以外的部分充分沐浴阳光。

▶ **整形 · 修剪要领** 应根据槭树的自然形态顺势修剪。槭树并不需要大幅度修剪，有些品种的槭树甚至无需修剪。要在槭树的树液活动前的1月份完成修剪作业。2月，槭树的休眠期就会结束。此时修剪会让树液流出切口，影响植株长势。需将影响树形的徒长枝齐根剪断。大幅度修剪后，槭树还会生长出粗枝。小枝虽然会自然枯萎，但为了保证通风顺畅，应及时剪去。剪掉粗枝后，给切口处涂抹愈合剂，以便凝固树液防止感染。槭树的枝条以舒展柔软为美。若能给枝条下垂品种的槭树做强弱有度的修剪，则槭树随机生长的新枝就

鸡爪槭 · 青柳

梣叶枫 · 火烈鸟

挪威槭 · 绯红之王

爪柿

会呈现出柔美的灵动感。

▶ **病害防治** 6～7月的紫微星天牛是槭树的天敌。成虫会啃食新枝，使枝条枯萎；幼虫会吸食树木的营养。可根据树根处的木屑找到虫洞，再向洞中灌输杀虫剂为树木驱虫。发现成虫要及时捕杀。

此外，蚜虫、蚧壳虫、白粉病等病害也会威胁枫树生长，要对症下药进行防治。

针叶树

●扁柏科 松科等 针叶树（常绿灌木，乔木）
●树高 1～20m ●观赏期 全年
●栽种期 2月中旬～5月中旬，9～11月

针叶树包括松科、杉科、扁柏科、红豆杉科、罗汉松科植物。日本将此类松柏植物中植株较小、叶形优美的树种称为针叶树。

常绿、叶片密生等特征使针叶树与西式庭院的风格十分搭调。因此，针叶树也是人们装扮园林或做混栽用的好素材。

种类

叶色丰富、树形端正是针叶树的魅力所在。浓绿色、青绿色、鲜绿色、黄绿色、金黄色、银青色、黄斑色、白斑色是针叶树的主要叶色。针叶树的树形也十分丰富，比如：圆柱形、圆锥形、球形、圆盖形、酒杯形、下垂形、匍匐形……

仙境蓝

▶**Hoopsii（科罗拉多蓝杉的园艺品种） 圆锥形树形，银青色叶色** 树形和叶色惹人喜爱的Hoopsii是较高的针叶树。水平伸展的枝条、侧枝以及微微下垂的枝稍是此树的特征。

▶**焰火（落基山圆柏） 圆筒形树形，青绿色叶色** 形似面包卷的焰火生长速度较快。冬季，此树依然郁郁葱葱。

▶**北美香柏 窄圆锥形树形，浓绿色叶色** 此树的枝、干以积极的状态向上生长，叶形为鱼鳞状，叶色为浓绿色。

▶**黄金柏 窄圆锥形树形，黄绿色叶色** 此树是针叶树中最为知名的树种。其叶片呈鱼鳞状，并会散发花椒般的芬芳气息。

▶**仙境蓝（落基山圆柏） 窄圆锥形树形，灰绿青色叶色** 此树的枝、干以积极的状态向上生长，叶形为鱼鳞状。叶尖处会在早春时节呈现出银色，使树木看上去十分美丽。

▶**桑科斯特（北美香柏） 宽圆锥形树形，金黄色叶色** 此树密生的枝叶叶色金黄。小树的枝叶参差不齐，后期会长成圆锥形的美丽树形。

▶**Filifera Aurea（金线日本花柏） 宽圆锥形树形，金黄色叶色** 此树金黄色的鳞状叶片全年均可观赏。细长的新稍会微微下垂，给人一种飘逸之感。

▶**Blue Anjel（落基山圆柏） 窄圆锥形树形，灰青绿色叶色** 此树青灰色的细枝竖直生长，新稍像傅粉般雪白俏丽。树形形同尖细的圆锥，看起来十分美丽。

塔柏

Pilea glauca

黄金柏

科罗拉多蓝杉 · 球形

金线日本花柏

北美香柏

栽培要领

▶ **栽种要领** 此类植物较为耐寒，适合在干燥的环境中生长。应栽种在日照充足、通风顺畅的位置，并选择排水性良好的土壤作为花土。日照不足会影响叶色。针叶树种类繁多、特性各异，每个树种的耐寒性和耐热性也各不相同。因此，栽种前应做好功课。2 月中旬至 5 月中旬和 9 ～ 11 月是最佳栽种时期。

▶ **施肥要领** 施肥会使枝叶徒长，最好不要给针叶树施肥。

▶ **整形 · 修剪要领** 针叶树无需修剪，更忌大幅度修剪。修剪时只剪去枝条前端即可。5 月下旬至 12 月可进行 3 ～ 4 次修剪修。

▶ **病害防治** 除了导致叶片上生有圆斑致使叶片脱落的松针褐斑病外，此类植物还会遭遇斑点病以及害虫排泄物引发的病菌、红蜘蛛、卷叶虫、蚜虫等病虫害。应在春夏秋三季给植株定期喷药防除。

紫竹

岗姬竹

日本倭竹

为庭院增添情趣的植物

竹子 矮竹

●竹子 矮竹 ●禾本科
●树高 1～10m ●观赏期 全年
●栽种期 3～4月上旬、8月下旬～10月中旬

竹子和矮竹有很多品种。此类植物可将庭院装扮得十分雅致。笋在长大后脱去竹皮的是竹子，不脱竹皮的是矮竹。

孟宗竹是典型的大型竹，粗壮高大是此类竹子的特征。干、枝呈黑色的紫竹是中型竹的代表。秋季生笋的寒竹是小型矮竹的代表，多被人们作竹子栽种。叶片较大，冬季生有白圈的美丽山白竹，日本倭竹以及被划分为竹子类的岗姬竹均为矮竹。

栽培要领

▶ **栽种要领** 竹笋出芽前的1个月是最佳栽种时期。孟宗竹、紫竹等春季生笋的品种可在3～4月上旬栽种；四方竹、寒竹等秋季生笋的品种可在8月下旬至10月中旬栽种。

应选择富含腐殖质的湿润沃土作为花土。

▶ **施肥要领** 除了腐叶土和堆肥，还可在12月将油渣和骨粉的混合物以30%的比例播撒在花土中。

▶ **整形·修剪要领** 竹子无需修剪。但鉴于孟宗竹等大型竹会生得很高，可保留20～25节的竹竿，剪除多余部分控制植株高度。再剪除4/5的枝叶，促使植株生长小枝。

可在3月或10～11月对矮竹进行修剪。小型种可每年或隔年修剪；为控制树高，大型种可每3年修剪一次，为处于生育期的矮竹做摘心处理。

▶ **病害防治** 害虫排泄物引发的病菌、蚧壳虫、马汀氏竹斑蛾都会给竹子的生长带来影响。定期喷药可以有效预防病虫害。

松树

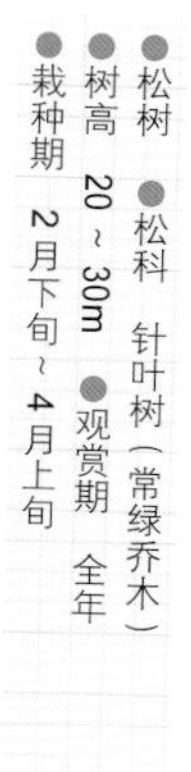

松树是能够诠释日式自然审美的树种。黑松的树干呈黑灰色，叶片又硬又直，红松的树干呈红褐色，叶片相对柔软。因此，日本人认为黑松是“男松”，红松是“女松”。

变种多行松从根部生有很多直立的枝杈。日本五针松的树干呈灰白色，叶片5针一束。长叶松原产北美，叶片3针一束，是叶片最长的松树。

栽培要领

若想让松树保持美丽的树形，就要对其进行定期修剪。

▶ **栽种要领** 2月下旬至4月上旬是最佳栽种时期。应将松树栽种在通风顺畅的位置。松树在排水性良好的任何土质中都能生长，但其树冠不可以被任何物体遮挡。

▶ **施肥要领** 可在2月和8月下旬在油渣内混入其总量30%的骨料，抓取2～3把混合肥料播撒在树根附近。

▶ **整形・修剪要领** 为了让松树保持美丽的树形，可在初夏时节摘心，在冬季为之“剪鬓角”。其具体操作方法为，保留生有新芽的3～5枚枝条，齐根剪断余枝。再保留1/3的新芽，剪除余芽。后者在10～12月进行。其具体操作方法为，梳理纠缠在一处的小枝和杂枝，剪除老叶。

冬季还可以用钢丝刷和草绳刷洗红松的树干和粗枝，可以让松树看上去容光焕发。

▶ **病害防治** 小蠹虫、松毛虫、蚧壳虫、蚜虫，以及褐斑病、害虫排泄物引发的病菌都会给松树的生长带来影响。定期喷洒杀虫剂和杀菌剂可以有效预防病虫害。

日本五针松

红松

黑松

野茉莉

●木香柴 ●安息香科 落叶小乔木
●树高 7 ~ 8m ●花期 5月（10月结果）
●栽种期 11 ~ 3月中旬

野茉莉

野茉莉

5 ~ 6月，野茉莉长长的花梗前端会绽放白色的5瓣小花。花期时的野茉莉通体雪白，是非常风雅的庭树。秋季，成熟的卵形果实会坠在长梗上，其沉甸甸的样子充满了质感。

红花野茉莉

栽培要领

每年11月至次年3月中旬的落叶期是最佳栽种时期。可为其创造与灌木林近似的生长环境。要让树根之外的部分沐浴阳光，并选择排水性良好、富含腐殖质的土壤作为花土。

基部壮实短枝的叶腋处生有花芽，徒长枝不会开花。可留下徒长枝的4～5芽，再剪去其余部分。将枝条交错生长的部分梳理开来。12月至次年2月是整形修剪的最佳时期。

野茉莉是杂木，修剪时应尽量保持其天然形态。可按照枝条大小有序修剪。

连香树

●连香树 ●连香树科 落叶乔木
●树高 20 ~ 30m ●花期 4月（8月结果）
●栽种期 12月至次年3月中旬

连香树是生长在山野小溪边的常见树木。雌雄异株的连香树在紫红色的花朵凋零后，萌发出的红色新芽十分美丽。而且，此树还会散发出芳香的气息。

秋季，连香树的叶片会变成黄色。此树树形较好，长得越大就越好看。

栽培要领

此树可在除严寒期之外的落叶期（12月至次年3月中旬）进行栽种。应将之栽种在日照充足的位置，并选择排水性、保水性良好的沃土作为花土。

连香树在长大后树干就会中空，而周围分出来的蘖会延续植株的生命。连香树的树形自然美观，但树木生得太高也有碍观瞻。可在12月至次年2月时保留2～3枚主枝，再齐根剪断其余徒长枝，以便促进新枝生长。

连香树

灌木林中的代表树种

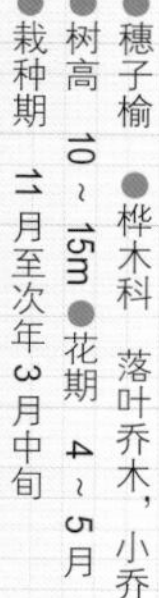

鹅耳枥

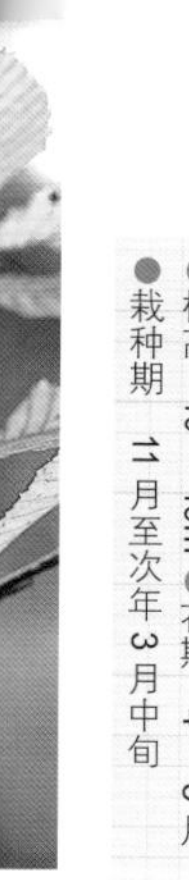

●穗子榆　●桦木科　落叶乔木，小乔木
●树高　10 ~ 15m　●花期　4 ~ 5 月
●栽种期　11 月至次年 3 月中旬

日本鹅耳枥

此树遍布日本山野。日本人将此树称为“四手”，每年 4 ~ 5 月其下垂的果穗就像供神用的下垂玉串和稻草绳一样，十分有趣。疏花鹅耳枥的花芽为红色，日本人称之为“红鹅耳枥”。此外，此树还有果穗呈金币形的日本鹅耳枥和昌化鹅耳枥等品种。由于此树树形天然美丽，因而拥有广大人气。

栽培要领

11 月至次年 3 月中旬的落叶期是最佳栽种时期。应栽种在日照充足的位置，并选择排水性良好、富含腐殖质的湿润土壤作为花土。

此树是杂木，树形美观自然。可修剪掉树冠内部的小枝和纠缠在一起的树枝、重叠枝。枝条必须齐根剪断，不能从中段修剪。除了严寒期，12 ～次年 3 月中旬均可修剪枝条。

与现代住宅风格十分搭调的庭树

刺槐

●洋槐　●豆科　落叶乔木
●树高　10m　●花期　5 ~ 6 月
●栽种期　12 月至次年 3 月中旬

刺槐

金叶刺槐

原产北美洲的刺槐于 5 ~ 6 月绽放的白蝶般的小花会像麦穗般地垂下来。刺槐的长势很旺，枝条会生得很长，比较适合装扮现代风格的住宅、庭院或做庭院中的主树。

栽培要领

12 月至次年 3 月中旬是最佳栽种时期。此树长势较旺，生长不择土质。如果日照充足，则此树在贫瘠的土地中也能生得很好。

树冠顶部长势旺盛的长枝几乎不生花芽。夏季，基部壮实的短枝叶腋处会生出花芽。次年，长大一点的新梢就会开花。新梢长势较旺，可根据庭院布局、观赏目的在落叶期确认花芽后再做修剪。应尽早剪除分出来的蘖和树干上生出的芽。

桃叶珊瑚

●青木 ●山茱萸科 常绿灌木
●树高 1～2m ●观赏期 全年·果期（12月中旬至次年3月结果）
●栽种期 4月中旬至5月，8月下旬至10月

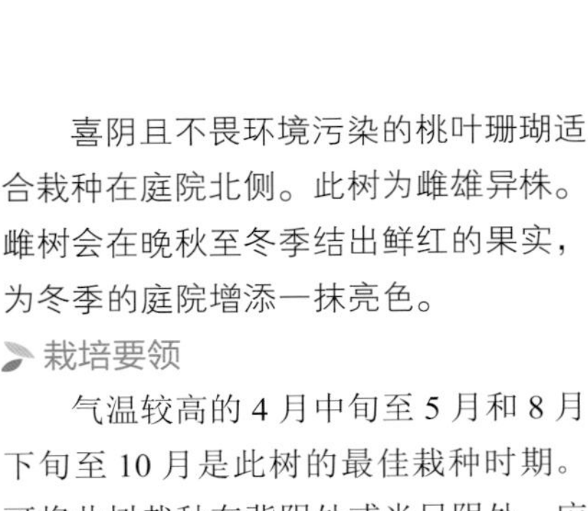

桃叶珊瑚

黄边叶片品种

喜阴且不畏环境污染的桃叶珊瑚适合栽种在庭院北侧。此树为雌雄异株。雌树会在晚秋至冬季结出鲜红的果实，为冬季的庭院增添一抹亮色。

栽培要领

气温较高的4月中旬至5月和8月下旬至10月是此树的最佳栽种时期。可将此树栽种在背阴处或半日阴处。应为此树准备肥沃潮湿的土壤，不要使其生长环境过于干旱。

此树无需修剪也能保持良好的树形。可在3～4月时剪掉长枝，梳理小枝，齐根剪断老枝，以便促进植株生长。此树的叶片在5月中旬会进行新陈代谢。花芽生于新枝枝头。

金叶龟甲冬青

●钝齿冬青 ●冬青科 常绿灌木
●树高 2～5m、1.5m ●观赏期 全年
●栽种期 3～5月上旬，9～10月

金叶龟甲冬青

此树生命力顽强且不畏空气污染，能够在阴凉处生长，所以被人们广泛栽种在庭院中。在日本人看来，此树叶片形似黄杨叶，但木质却不如黄杨，所以便将之称为“犬黄杨”。此树还有叶片呈卵形、叶表鼓胀生有斑锦的品种。

栽培要领

3～5月上旬和9～10月是此树的最佳栽种时期。此树虽然喜阴，但在向阳处也能生得很好。金叶龟甲冬青在任何土质的土壤中都能生存，但由于其根须生得十分细密，所以最适合在富含腐殖质的沃土中生长。

经常修剪有助于树木保持美丽的造型。3～10月可为树木修剪2～3次，为了不让枝条长得过长，应尽早剪枝。此树的小枝无论怎样生长都不会影响整体树形。

龟甲冬青

叶形别致的庭树

罗汉松　小叶罗汉松

●罗汉杉　细叶罗汉松　●罗汉松科　针叶树（常绿乔木）
●树高　15 ～ 20m，5 ～ 6m　●观赏期　全年
●栽种期　4 月下旬至 5 月，8 月下旬至 9 月

罗汉松

气质优雅的庭树罗汉松既可以以松柏类树木的身份坐镇庭院，也可以摆放在大门口或作树篱栽种。分布在日本关东地区以西的罗汉松其叶如针，向外侧生长。小叶罗汉松原产中国，其松针比罗汉松小，小巧的枝条生得十分细密。

小叶罗汉松

栽培要领

罗汉松是生长在气候温暖地区的植物。4 月下旬至 5 月和 8 月下旬至 9 月是此树的最佳栽种时期。罗汉松不畏空气污染和海风，且十分耐阴。最好将之栽种在日照充足、不被冬季寒风侵扰的位置。

罗汉松的萌芽力较为旺盛，剪掉老枝也不影响植株萌生新芽。可在 4 ～ 5 月和 7 ～ 8 月给罗汉松修剪两次树形。小树的树枝会长的很长，可沿枝条主线剪除小枝，也可保留少许小枝再剪除余枝。

火焰一样的叶形

圆柏

●桧柏　●柏科　针叶树（常绿小乔木）
●树高　8 ～ 10m　●观赏期　全年
●栽种期　3 ～ 4 月，9 ～ 10 月

圆柏

较为常见的庭树圆柏是桧树的园艺品种。此树红褐色的树皮生有裂纹，呈条片状生长。“高龄”圆柏的树干会扭曲生长，侧枝会回旋生长，其密生的小枝形如火焰。可作为树篱栽种。

栽培要领

3 ～ 4 月和 9 ～ 10 月是此树的最佳栽种时期。应将之栽种在日照充足的位置，并选择排水性良好的沃土作为花土。不要将之栽种在风口，否则风会吹伤叶片。

可根据个人审美将圆柏修剪为圆锥形或圆筒形。定形后可反复摘芽，修整树形。4 月下旬至 10 月，可用指尖掐掉新芽。

树参

●长春木　鸭脚板　●五加科　常绿灌木
●树高　7～10m　●观赏期　全年
●栽种期　5～10月中旬（盛夏时期除外）

三棱果树参

由于此树的叶形很像身披蓑衣的人，因此日本人将之称为“隐蓑”。树参是能够在背阴处生存的植物。此树和桃叶珊瑚、八角金盘都是非常适合栽种在阴面的常绿树。此树笔直的树枝竖直生长，很适合栽种在面积较小的庭院中。

栽培要领

除了盛夏时节，此树可在 5 ～ 10 月中旬进行栽种。要选择富含腐殖质的湿润沃土作为花土。此树在酸性或碱性的土壤中都能生长。不畏空气污染和海风的树参是生长在温暖地区的树种，可栽种在庭院的东北、东南方位。

小树的枝叶长势较为旺盛，很容易长成郁郁葱葱的状态。可以拉长徒长枝的距离，也可以保留 2 ～ 3 节树枝再剪掉余枝。植株如果不修剪，就会长得很高，且下方的叶片会逐渐掉落。应齐根剪断长枝促进枝条更新。6 ～ 7 月是修剪枝条的最佳时期。

日本石楠

●日本石楠　●蔷薇科　常绿小乔木
●树高　5～10m　●观赏期　全年
●栽种期　4～5月上旬，9～10月上旬

红叶日本石楠 · 红宝石

处于萌芽期的日本石楠其光鲜亮丽的红色新叶十分惹人喜爱。5 ~ 6月，日本石楠的小枝上会绽放数目众多的白色小花。秋季，此树的枝条又会结出红色的果实。此树新叶呈深红色，因此被日本人称为“红叶日本石楠”。日本石楠萌芽力较强，经得起修剪，适合作树篱栽种。

栽培要领

4 ～ 5 月上旬和 9 ～ 10 月上旬是此树的最佳栽种时期。应栽种在日照充足的位置，并选择排水性良好、富含腐殖质的湿润沃土作为花土。

新叶鲜艳的叶色是此树的一大魅力。可在每年的 3 月和 8 月给植株做两次修剪。春秋两季的美丽叶色颇具观赏价值。日本石楠的萌芽力虽然很强，但修剪过猛也会伤害植株。此树在生长 3 年后，树冠内的枯枝就会“暴露”出来。可在 10 月后为植株剪去无用枝，调整树形。

常绿针叶树的别样风情

矮紫杉 紫杉

●枷罗木 矮丛紫杉 ●红豆杉科 针叶树（常绿灌木、常绿乔木）
●树高 1～2m，10～15m ●观赏期 全年
●栽种期 2～4月，9～10月

金芽枷罗木（矮紫杉）

紫杉

矮紫杉是北地紫杉的变种。紫杉是笔直高挺的乔木，矮紫杉是树高介于1～3m间，根部生有许多枝干的灌木。紫杉的树枝分左右两列有序生长，矮紫杉的树枝呈螺旋状向四周扩散。这两种树还是很容易区别开的。另外，紫杉是寒地树种，矮紫杉是暖地平原树种。

栽培要领

2～4月和9～10月是此树的最佳栽种时期。虽然此树在半日阴处也能生存，但最好栽种在日照充足的位置，并选择排水性良好的沃土作为栽种土。

此树萌芽力较强，老枝也会萌生新芽。两次修剪可分别在7月和10月下旬到11月进行。可一边修剪一边调整树形。

修长的枝条十分美丽

光蜡树

●白鸡油 光叶白蜡 ●木犀科 常绿，半常绿乔木
●树高 10～15m ●花期 5月（8月结果）
●栽种期 4月

光蜡树

北温带生有70多个品种的光蜡树，木岑是此树较为常见的品种。日本冲绳以南的亚热带地区生有光蜡树，最近很多花友用它来装扮庭院。过去，此树并不是庭树和绿植树木的首选，但由于此树枝条修长秀美，靠颜值收获了大量粉丝。

栽培要领

4月是此树的最佳栽种时期。应选择排水性良好、有保湿性的沃土栽种。

可在落叶后的2月下旬至3月中旬进行剪枝。将无用枝齐根剪断。也可用分蘖的方式让枝条较细的园艺品种生得枝繁叶茂。

缀满枝条的红果非常迷人

具柄冬青

●长梗冬青　刻脉冬青　●冬青科　常绿小乔木，灌木
●树高　3～10m　●花期　5～6月（10～11月中旬结实）
●栽种期　4月下旬至5月上旬，8月下旬至9月

具柄冬青的果实

具柄冬青

常绿灌木具柄冬青密生的长柄常绿叶片被风吹动时会发出“沙拉沙拉”的响声，因此日本人将之命名为“沙拉树”。雌雄异株的具柄冬青在6月时会绽放白色小花。秋季，此树枝头又会结出红色的果实与绿叶相映成趣。

栽培要领

4月下旬至5月上旬和8月下旬～9月是此树的最佳栽种时期。此树虽然在背阴处也能生存，但最好栽种在向阳处，并选择排水性与保水性均好的土壤栽种。此树在酸性和碱性的土壤中都能生长。

此树无需修剪也能保持良好的树形。只需将树冠内的小枝和错杂纠缠在一起的树枝理顺剪除即可。

可分泌粘鸟胶的树木

全缘冬青

●全缘冬青　●冬青科　常绿小乔木
●树高　6～10m　●花期　4月（10月结实）
●栽种期　5月，7月中旬～9月

黄金全缘冬青

由于此树的树皮能够分泌一种粘鸟的树胶，因此日本人称之为“胶树”。雌雄异株的全缘冬青4月时会绽放黄绿色的群生小花，其厚实的叶片光鲜亮丽。四季常青的全缘冬青十分美丽，秋季还会结出可爱的红果。不过，它最具观赏价值的部位却是它的叶片。

栽培要领

虽说全缘冬青具备一定的耐寒性，但在日本东京地区，5月或7月中旬至9月才是此树的最佳栽种时期。具有抗空气污染能力的全缘冬青在背阴处也能生存，但随着植株的日渐成长，树木对光照的需求量也会越来越大。因此，最好栽种在向阳处，并选择排水性良好的沃土作为花土。

全缘冬青的萌芽力较强，粗壮的枝条也能发芽，大幅度的修剪也不影响植株生长。6月下旬～7月以及10月下旬是最佳修剪时期。

全缘冬青的果实

厚皮香

生有光泽美丽的叶片的庭树

●珠木树 猪血柴 ●山茶科 常绿乔木
●树高 10～15m ●观赏期 全年
●栽种期 4～5月，9月

厚皮香

斑锦厚皮香

树皮浅灰褐色的厚皮香生有假轮生状叶片。生于叶腋处、花冠向下的白色小花会于6月开放。厚皮香的果实是鸟儿们的珍馐美味，其革质的叶片和别致的树形都具有较高的观赏价值。

栽培要领

生长速度缓慢的厚皮香适合生长在温暖地区的植物。因此，天气温暖的4～5月或9月是此树的最佳栽种时期。具有抗空气污染能力并能对抗海风的厚皮香在背阴处也能生存。做庭栽时，应栽种在能够阻挡强风的向阳处，并选择排水性良好的沃土栽种。

此树无需修剪也能保持良好的树形。每年可为植株修剪一次长枝和纠结在一起的树枝，这样就能让厚皮香恢复美丽的树形。可在3月下旬至4月、6月下旬至7月、10～11月修剪植株。

八角金盘

掌状叶形十分独特

●八金盘 八手 ●五加科 常绿灌木
●树高 3～5m ●观赏期 全年
●栽种期 4～5月中旬，9月

八角金盘

细绞

八角金盘富有光泽的掌状叶片有7～9裂，形态十分独特。此树的球状小花簇生如云，能将晚秋时节的庭院装扮得生机勃勃。八角金盘具有较强的耐阴性，能够在庭园北侧或中庭独当一面。

栽培要领

八角金盘的生长速度很是缓慢。可将之栽种在半日阴的环境中，并为之准备富含腐殖质的湿润土壤。此树的萌芽期（4～5月中旬）和9月是最佳栽种时期。

新叶生于茎端，且每年都会生长。若叶片生长过大，则可于11～12月在保留2～3枚叶片的前提下剪除下方叶片，这样做可以有效抑制植株生长。新生叶片会以玲珑袖珍的形态将树木点缀得充满活力。

白桦

白色的树干与现代风格的宅院最为相宜

●桦树　●桦木科　落叶乔木
●树高　20m
●观赏期　全年
●栽种期　2月中旬至3月中旬

白桦

美丽的树干是白桦的魅力所在。为庭院增添光彩的白色树干与现代风格的宅院最为相宜。

栽培要领

极为耐寒的白桦可在2月中旬至3月中旬进行栽种。应将之栽种在日照充足的位置，并选择排水性良好、富含腐殖质的湿润土壤栽种。

修剪时不要破坏树木的天然形态，不要剪掉枝干，只需让树枝保持适当距离即可。可在12月至次年2月进行修剪。

卫矛

锦缎般的红叶甚是喜人

●鬼箭　●卫矛科　落叶灌木
●树高　1～3m
●结实期　10月
●栽种期　11月下旬至次年3月上旬

卫矛红如锦缎般的秋叶十分美丽，因而被日本人称为“锦木”。小枝生长的两列宽阔木栓翅是此树的显著特征。

栽培要领

11月下旬至次年3月上旬的落叶期是此树的最佳栽种时期。应栽种在日照充足的位置，并选择排水性良好、富含腐殖质的土壤栽种。

修剪时不要破坏植株的天然形态。可将树冠内的小枝、蘖以及长在外边的枝条全部剪掉。12月至次年2月是最佳修剪时期。

卫矛

柳树

枝条仿佛能够让人感到习习凉意

●柳树　●杨柳科　落叶灌木
●树高　3m
●观赏期　3～4月
●栽种期　11月至次年3月

杞柳·白露锦

“不知细叶谁裁出，二月春风似剪刀”。风中摆动的柔姿是柳树特有的风情。

栽培要领

颇有人气的“白露锦”是杞柳的变种，此树树高较矮，春季红色的新稍会逐渐变成白色。11月至次年3月的落叶期是此树最佳栽种时期。应选择富含腐殖质的湿润土壤栽种。此树有较强的萌芽力，经得起大幅度修剪。可在落叶期修剪树枝，调整树形。

冬季里炫目的红色果实

铁冬青

●救必应　白银木　●冬青科　常绿乔木
●树高　10～15m
●结实期　11月
●栽种期　4月中旬至5月中旬，8月下旬至10月上旬

铁冬青的果实

铁冬青平滑的树皮呈灰白色，是叶色浓绿的常绿树。雌雄异株的铁冬青在秋季会结出可爱的红果。

栽培要领

4月中旬～5月中旬、8月下旬～10月上旬是此树最佳栽种时期。应栽种在日照充足的位置，并选择排水性良好、富含腐殖质的土壤栽种。

此树的花朵生于健壮短枝的叶腋处。可剪掉徒长枝，梳理纠缠在一处的枝条。6月下旬至8月上旬以及10至12月是最佳修剪时期。

驱魔“神树”

柊树

●桂刺　●木犀科　常绿小乔木
●树高　4～8m
●结果期　7月
●栽种期　4月下旬至5月，9月

日本人在每年二月三日“节分”时会将此树树枝挂在门口，以求保宅辟邪。因此，此树被日本人视作防止邪鬼入侵的灵木。秋季，此树会开放芳香扑鼻的白色小花。

栽培要领

4月下旬至5月和9月是此树最佳栽种时期。此树虽然在背阴处也能生存，但最好栽种在日照充足的位置，并选择排水性良好、富含腐殖质的湿润土壤栽种。此树有较强的萌芽力，经得起大幅度修剪。发芽后的6月下旬至7月和11～12月是最佳修剪时期。

柊树

叶片密生的常绿树

柏树

●侧柏　●柏科　针叶树（常绿灌木）
●树高　0.5m
●观赏期　全年
●栽种期　3～4月，9～10月

紫杜松·巴尔港

柏树纵裂的树皮呈红褐色。树龄越高的柏树其树干就越扭曲。

栽培要领

3～4月和9～10月是此树最佳栽种时期。应栽种在日照充足的位置并选择排水性良好的沃土作为花土。不要栽种在风口。

可根据个人审美将此树修剪成圆锥形、圆筒形、枝条左右对称形。之后便可通过勤摘树芽来保持树形。

花色

复色

花朵多样的藤蔓植物

铁线莲

●铁线牡丹 番莲 ●毛茛科 落叶或常绿草质藤蔓植物
●藤长 1～5m以上 ●花期 4月下旬至6月，9月中旬至10月
●栽种期 2月，4～5月

铁线莲除了原生品种，还有大量杂交而成的自生品种，这些品种通称铁线莲。你可以根据个人喜好进行选择，以便全年观赏。铁线莲的花朵大小、花色、花形、绽放方法多种多样，是非常适合人们观赏的花卉。看似花瓣的部位其实是雄蕊，生长在花朵中心。其藤蔓并不是缠绕生长的，而是挂在其他植物上攀援生长。此花深受花友们喜爱，其人气不亚于月季花。

种类

种类繁多的铁线莲大致可分为一季开花的品种和四季开花的品种。风车铁线莲、毛叶铁线莲是典型的大花型园艺品种。杰克曼二世铁线莲是花色较深、花冠中、大型品种；意大利型铁线莲是花冠中、小型且富于变化的品种。德克萨斯型铁线莲壶形和郁金香形的花朵能够在夏季长期绽放。直立生长的全缘型铁线莲不爬藤，花下垂成铃铛状。此外，铁线莲还有花期较早的 Alpina 铁线莲和蒙大拿型铁线莲，冬季开花的 Clematis cirrhosa 等众多品种。种类繁多的铁线莲能够带来一年的美好时光。

▶ **结花方式** 不同性质的原生品种经由改良进化得越来越好。根据结花方式，铁线莲大致可分为 3 种类型。

旧枝开花型 这是花朵开在老枝枝节的一类铁线莲，也称早开系。

新枝开花型 这是花朵开在当年内新生枝条上的一类铁线莲，也称迟开系。

新旧两枝开花型 这是介于上述二者之间的一类铁线莲。第一朵花会开在老枝上，第二朵花及其以后的花朵会开在新枝上。此类铁线莲也被称为中开系。旧枝开花型多为一季开花的品种，其他两类则为四季开花的品种。

栽培要领

应在花盆中育苗 1 年再作庭栽，需待植株长势较好时再行移栽。

Mikiko 夫人

全缘型铁线莲 · 杜兰铁线莲

▶ **移栽要领** 气候温暖的地区可在 2 月进行移栽，气候寒冷的地区可在 4 ～ 5 月进行移栽。铁线莲虽然在半日阴处也能生存，却更喜欢沐浴阳光。由于铁线莲不耐夏季的高温干热，可栽种在上午日照充足的位置。选择排水性良好、富含腐殖质的沃土栽种。

▶ **施肥要领** 铁线莲非常喜肥。可抓取两把用等量油渣和骨粉混合而成的肥料作寒肥播撒于花根处。5 ～ 6 月及 9 月可用氮磷钾含

蒙大拿铁线莲·绣球藤

德克萨斯型铁线莲·格拉芙泰美女

甘青铁线莲

全缘型铁线莲

沃金美女

量相等的化肥为植株补充养分。每年还要向花根播撒 2 ～ 3 次少量草木灰。

▶ **修剪要领**　铁线莲因分为一季开花和四季开花的品种，所以各品种的修剪方法也不尽相同。

花谢后的修剪可让铁线莲再次绽放美丽的花朵。旧枝开花型铁线莲可在花谢后剪掉花冠。后期生长的健壮藤蔓会于次年春天在枝节处绽放花朵。新枝开花型铁线莲可在花谢后剪去 2/3 的枝条，这样就会在入秋之前看到植株开花 3 ～ 4 次。新旧两枝开花型铁线莲的性质介于前两者之间，所以无论怎样修剪，植株都能再次绽放出美丽的花朵。根据枝条长势把控修剪幅度可以延长花期。

▶ **病害防治**　铁线莲在萌芽期会滋生蚜虫、青虫等虫害。可于发芽前的两个月给植株喷洒石灰硫磺合剂进行驱虫。此外，红蜘蛛、白粉病也会危害植株生长，可每月为植株喷洒 1 ～ 2 次药剂进行防治。

金钩吻

花色 ○

气息香甜的藤蔓植物

●马钱科　常绿藤本观赏植物
●藤长　2～7m
●花期　4～6月
●栽种期　4～5月上旬，9月

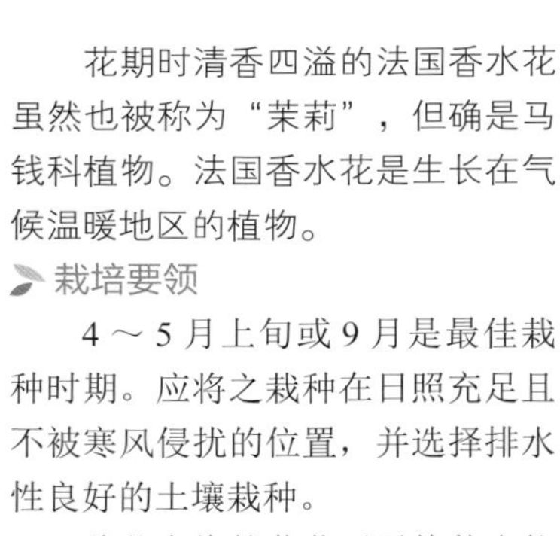

卡罗莱纳茉莉

花期时清香四溢的法国香水花虽然也被称为“茉莉”，但确是马钱科植物。法国香水花是生长在气候温暖地区的植物。

栽培要领

4～5月上旬或9月是最佳栽种时期。应将之栽种在日照充足且不被寒风侵扰的位置，并选择排水性良好的土壤栽种。

此花盘绕的藤蔓无需修剪也能保持良好的株姿。

贯月忍冬

花色 ●

花朵穿叶而开的藤蔓植物

●穿叶忍冬　●忍冬科　半常绿藤本灌木
●藤长　5m以上
●花期　5月下旬至10月
●栽种期　3～4月

贯月忍冬

生有黄红色筒状花的贯月忍冬是花期较长的藤蔓植物。此花的花朵开在藤蔓顶端的叶片上方，因而被命名为穿叶忍冬。

栽培要领

3～4月是最佳栽种时期。应栽种在日照充足且不被北风侵扰的位置，并选择排水性良好、富含腐殖质的土壤栽种。

花芽只生于新枝顶端，可以放心修剪。大幅度的修剪应在萌芽前的2～3月上旬进行。

时钟草

花色 ●●○●

花冠神似表盘的藤蔓植物

●西番莲　●禾本科　半耐寒性藤蔓植物
●藤长　3m
●花期　5～10月
●栽种期　4月下旬至5月中旬，8～9月

时钟草

从初夏一直到进入秋季都是时钟草的花期。由于此花花冠神似表盘，因而被命名为时钟草。

栽培要领

气温较高的4月下旬至5月中旬和8～9月是最佳栽种时期。应选择日照充足且不被寒风侵扰的位置，并选择排水性良好的土壤栽种。

此花无需修剪也能保持良好株姿。可在冬季到早春之间剪掉无用枝。

凌霄

绽放在盛夏的喇叭花

花色

●紫葳 ●紫葳科 落叶藤蔓植物
●藤长 1～10m
●花期 7～8月
●栽种期 3～4月上旬

凌霄

凌霄用大喇叭般的橘色花筒装点少有花开的炎热夏季。

栽培要领

3～4月上旬是最佳栽种时期。生命力顽强的凌霄在酸性或碱性的土壤中都能生存。应将之选择日照充足的位置，并选择排水性良好的湿润土壤栽种。

花芽只生于当年内生长的新枝顶端，要小心呵护新稍。可在落叶后的11月至次年2月进行修剪，并将开过花的一年枝齐根剪断。

叶子花

花朵如同纸质工艺品般精致的藤蔓植物

花色

●九重葛
●紫茉莉科 半耐寒性常绿藤蔓植物
●藤长 3～5m ●花期 5～6月
●栽种期 4～5月

叶子花

叶子花是原产于南美洲的热带植物。如纸质工艺品般精致的部分是此花的花苞，内部白色小花才是真正的花朵。气候温暖的地区可对此花进行庭栽。

栽培要领

4～5月是最佳栽种时期。日照充足、通风顺畅、土壤干爽是叶子花的最佳生长条件。花芽生于新枝枝头，花谢后可以剪枝。3月时可以剪去徒长枝和无用枝，以便修整树形。

紫藤

花朵优雅而充满气质的藤蔓花卉

花色

●藤萝 招豆藤 ●豆科 落叶藤蔓植物
●藤长 10m以上
●花期 4～5月
●栽种期 12月中旬至次年2月

野田紫藤

山紫藤·紫花美短

紫藤是日本的特有植物。其青紫色、白色的蝶形花朵房状下垂而生，藤条摇曳的样子优雅而壮观。

栽培要领

落叶期是最佳栽种时期。紫藤扎根较浅，可在花土表层为之准备富含腐殖质的土壤。应将之栽种在日照充足、空气湿润的环境中。可在植株落叶后的12月至次年2月在确认枝条有无花芽的前提下进行修剪。修剪时应保留短枝，保留没有花芽的长枝基部4～5芽，再剪掉余枝。

花树·庭树的养护方法

（1）栽种要领 移栽用庭树大多都是连根包裹好的树苗，或栽种在加仑盆中的移栽苗。除了松树，大部分的树木在移栽时都需要多多浇水。树木不宜移栽，栽种时应事先选好位置。

（2）树苗种好后，可用修剪的方式促进植株生长。枝叶繁茂有利于枝、干生得更加粗壮，根须生得更加茂密。

当树木大小与庭院面积相匹配时，可及时修剪保持树形。应剪去枝稍控制树木的生长速度，再剪掉叶片以免枝条生得过于粗壮。为了让树木保持理想的形态，应多多注意枝条的长势，以便及时修剪。

徐徐长大的树木长成后就会开花。庭树的萌芽期和花期都是固定的，可根据树种选择修剪方法。误剪枝条是导致花季无花的原因。

加仑盆树苗的移栽要领

图为红花七叶树的加仑盆移栽苗。应选购树高为 2 ~ 3m 以内的树苗，树苗过高不好操作。

确定栽种位置，用铁锹挖一个深度和直径均为树苗根部土坨两倍的深坑，再在坑内填入腐叶土和堆肥。

把树苗从加仑盆中取出，掸落盆土，剪掉底部根须。注意，只有在前期准备工作做好的前提下才可从花盆中取出树苗。

先在堆肥上覆盖一层隔离土，再栽种树苗，覆土掩埋树根。

认真填土，让树苗根部土坨与土坑中的土融为一体，不要破坏树苗根部土坨。

让树根与新土相融，给树苗多多浇水。

树立支棍，用绳子以“8”字结的形式绑住树苗和支棍。

踩实树根部新土，使二者充分接触。

树苗的移栽要领

挖一个能够轻松容纳树根和根部土坨的坑。清除坑内的石块、植物根须和垃圾。

将腐叶土或腐叶土与堆肥的混合物填入坑底。如有必要，可将缓释肥料作为基肥填入土坑。

搅均坑土，复位部分花土，栽种树苗，再次复位部分花土。栽种树苗时可以保留包裹树根的外皮。

复位余土。由于树根会逐渐下沉，所以不要将树苗栽种得太深。在调整好树苗位置后，踩实花土，固定树苗。

充分浇水。扶住树干大幅度地左右摇动树苗，排出土坑内的空气，再次浇水。反复作业，固定树苗。

在土坑的塌陷处继续填土。用余土垄高一圈来存水，并再次浇水。

多多浇水才能让花土填满根须的缝隙。为防止土壤干燥，可用腐叶土覆盖树根。

可竖起一根支棍，用麻绳绑定树干。树干稳固树根才能生长，待树苗成长一段时间后方可撤去支棍。

移栽过程中树根会受到一定程度的损伤。为了保持平衡，可削减树枝。剪枝时要充分考虑树形。

可将树苗修整成下枝长、上枝短，与山茱萸树的自然树形相似的圆锥形。落叶树的树叶在将合成的养分转移给枝条后就会飘落，所以不必修剪。

移栽要领

黄金薄荷、牡丹等植物不宜移栽，栽种前应谨慎选址。挖取可以移栽的植物。

因为树根土坨的直径会达到树干直径的 5 ~ 6 倍，可以用石灰先在地面圈出树根成长范围，再破土动工。

用锹铲断细根，用剪刀剪断粗根。

铲断四周的根须后，再把锹头小心地探入树木的正下方。宽挖坑洞，让树木歪倒。

切断直根，挖出树木。移栽会使树根受损，应尽快做好后续相关准备。

把树木放在铺开的包皮上，马上包裹起来。用麻绳等自然素材系紧包裹根部的外皮。

根须受损会影响树木的吸水量，为保持平衡，应削减枝叶。可剪除小枝和无用枝。

图为包裹好根部的移栽苗。为了保护树苗，应立即移栽。

混栽要领

此处介绍的是用两种绣球花（Annabelle 和隅田花火）构成的花箱混栽法。

准备10号或以上的大花盆，在盆底铺设排水网和大粒土，再加入培养土。

将花苗摆放在花盆中确定栽种位置。如果植株根须无卷曲、腐烂现象，则可在保证根部土坨完整性的前提下将之直接栽种在花盆中。

先栽种绣球花，再栽种其他植物。栽种时要充分考虑植物的花色、特性和高度。

可将株高较高的植物栽种在后方，把叶片下垂的植株栽种在前边。调整花土高度。

用木棍压实植株间的花土，固定植株，填满缝隙。不要用木棍戳碰植株根部自带的土坨。

7

大花盆是无法抱起来夯实花土的。要耐心地将花盆边缘及根部土坨的缝隙填满，使植株根部与新土相融。

8

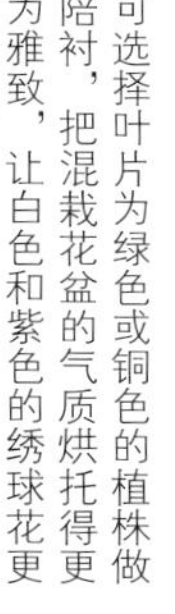

可选择叶片为绿色或铜色的植株做陪衬，把混栽花盆的气质烘托得更为雅致，让白色和紫色的绣球花更加醒目。

盆栽的移栽要领

图为花谢后的石楠，它的株姿看上去有些“头重脚轻”。可在移栽的同时修整树形。

若盆栽植物的根须过多，则植株的叶片就会从下到上渐次枯萎。可齐根剪断枯枝和长势较弱的枝条。

敲击花盆，扶持树干取出植株。可敲碎密布根须的土坨。

石楠会生长很多细小的根须，可剪除 1/3 的根须。再根据新盆大小剪掉较长的根须。

准备一只比花根土坨大一圈的深盆，在盆底垫上水土拦护网和大粒土，再加入赤玉土、腐叶土等排水性良好的花土。

石楠的花芽只生长在新枝前端，可剪短长枝，拉大枝条间距。

若植株根须生得和图中一样密集，则可从底部剪去 1/4 ~ 1/3 的根须。

剪去土坨上方的棱角，把土坨剪成一个土球，以便填入新土。

大盆移栽不便打理，可将植株移栽进等大的花盆中。

修剪要领① 月季

图为冬季剪掉纠缠在一起的枝条的月季。若想让植株保持天然的灌木形态，可剪掉1/2的树枝。

剪去茶色的老枝，留下新枝。要将老枝齐根剪断，以防其再发新芽。

为修整树形，可齐根剪断向内侧生长的枝条和长势较弱的枝条。

修剪要领② 铁线莲

不同品种的铁线莲修剪方法也不同，应先确认品种再做修剪。图为旧枝开花型的"鲁佩尔博士"。

此类铁线莲花谢后可做小幅度修剪，只剪去花冠即可。新枝开花型铁线莲则可剪去2/3的花枝。

为促进旧枝开花型铁线莲萌发新枝，可将徒长枝剪短。

修整株姿要从全局出发，这样有利于植株萌生新花芽。

可在剪取下来的枝条上选取两节健壮的枝条，用扦插法培育新苗。新苗生根需要1个月的时间。

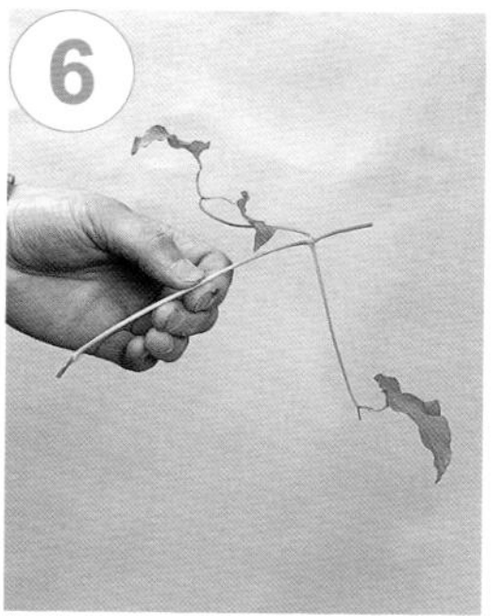

要将枝条的切口修剪平滑，再摘取下叶插在改良土中。

与铁线莲不同，绣球花的花芽生于上方，会长得很大。花谢后应立即将之剪除。

观果树和小果树

果实成熟的季节是令人向往的。小巧的红果不仅能将树木点缀得俏丽可爱，还会招来鸟儿前来觅食。果树的种类十分丰富。若你有阳光明媚的庭院，不妨栽种些果树感受丰收带来的快乐与喜悦。

花谢后以观赏枝头果实为目的的树木是观果树，果实可以食用的树木是果树。本章为你介绍的是适合在庭院中栽种的观果树和小果树。

种类

● 观果树的种类

花朵不够靓丽，果实却具有观赏价值的树木是观果树。花朵美丽具有观赏价值的是花树。落叶树、常绿树、针叶树中都有观果树。

品种众多的小果树，蓝莓

● 落叶果树和常绿果树

果树可分为落叶树和常绿树。木瓜树、芒果树、番木瓜树都是热带果树。

特征

● 能将冬季装点得五彩缤纷

包括紫杉、罗汉松在内的观果庭树在内，多数观果树在秋季都会结生出色彩绚丽的果实，为缺花少叶的冬季增添几分情趣。朱砂根等能够跨年观赏果实的树木也会给冬季注入些许活力。

● 体验收获的喜悦感

枝头鲜果的口感要比水果店出售的瓜果鲜美很多。时令鲜果一定会让你大快朵颐、一饱口福。亲手培育、亲手采摘的浆果尤其美味。你还可以培育一些市场上不出售的胡颓子和醋栗，这是自种果树的优点。

● 果树会引来小鸟和昆虫

昆虫和小鸟的到来会让庭院变成一个小生态圈。生物链的形成有助于植物的生长发育。

虽然虫子会吃掉部分果实，但正因为这样，果树才会结出更多的果实，获得更加强大的生命力。总之，栽种果树会让你收获许多意想不到的发现，你的庭院会变成近似大自然的生态群落。

养护要领

此类树木的养护方法虽然与花树、庭树很近似，但想要收获果实就要在修剪上下足功夫。

像花树那样在花谢后、出芽前剪枝虽然能保证

●小果树（果实可食用）

温州蜜柑

胡颓子

山莓

杨梅

山莓

●观果树（果实不能收获）

白棠子树

落霜红

火棘

次年开花，但却无法让树木结出果实。因此，可在观赏期或收获期之后修剪枝条。

不过，这个时段刚好是果树生长新一批花芽的时期，此时修剪必将影响开花。因此就要有选择地修剪枝条，保留花芽。也可以考虑有助于植株结果的方式进行修剪。

不要让所有的开花枝都结果，这不仅会分散营养影响果实品质，还会致使果树疲劳无法开花，出现隔年结果的现象。为提高果实品质，确保次年果树能正常开花结果，可在栽培期做好摘蕾、摘花、摘果、增加枝条间距等作业。

观赏方法

●将果树栽种在日照充足、通风顺畅的环境中

修剪果树并不是为了追求优美的树形，而是为了让树冠内部也能沐浴到阳光，以便收获丰硕的果实。

可以用篱笆引导枝条生长，保证树冠内部能够沐浴到阳光。这是一种节省空间，能够保证光照，易于收获硕果的好方法。可以为藤蔓植物搭设架子，以便遮挡阳光。

●设置庭院重心

此类树木的果实十分显眼。由于果实挂在枝头的时间比花期要长，果实的颜色也较为多变，若将果树作为主树栽种在庭院中，它就会和其他花草树木融洽地生长在一起，使庭院变得更加美观。

●可栽种在养花箱中观赏

没有庭院也可以栽种果树。栽种在养花箱中的果树较矮，结果很多，寒暑期易于管理，日常管理和收获采摘也相对容易，优点多多其乐无穷。

虽然养花箱中栽种的果实产量较低，但若能保证水肥，冬季便能够收获到鲜美的水果。

果实可制作果酱的知名小果树

蓝莓

●笃斯 ●杜鹃花科 落叶，半常绿灌木
●树高 1.5～3m ●收获期 6月中旬～9月中旬
●栽种期 12月至次年2月

蓝莓是原产北美洲的小果树。4月中旬至下旬，树枝上会开放白色的壶形小花。6月中旬至9月中旬，逐渐变成紫黑色的果实会开始成熟。蓝莓是可以生吃的浆果，也可以加工成果酱、果汁、果酒供人食用。蓝莓富含护眼的花青素，是近年来较有人气的水果。蓝莓在欧美国家有较长的栽种史。蓝莓树树高较矮，花朵小巧可爱。新鲜的蓝莓口感很好，这也是它成功“圈粉”的主要原因。亲手采摘的蓝莓更是格外好吃。

种类

人们对蓝莓的品种改良很是用心，并将其大致划分为两类品种，一类是兔眼蓝莓，另一类是高丛蓝莓。前者能够在气候温暖的地区生长，但果实品质差强人意。且自花授粉不利于结果，栽培时需栽种两种以上的果树以便提高成功率。梯芙蓝是晚熟品种，其叶色红艳美丽，丰产性强，是很受人们喜爱的蓝莓品种。授粉树乡铃是备受珍视的蓝莓树种。由于此树与梯芙蓝的花期相同，所以可以同时栽种。早熟种乌达德也较为常见。

梯芙蓝

阳光蓝

高丛蓝莓具有较强的耐寒性，适合栽种在气候寒冷的地区。丰产性强果实硕大的鲁贝尔、生命力强、丰产性强的泽西、果实硕大的Herbert、维口、达柔、北高丛蓝莓等均为此类品种。

栽培要领

栽种兔眼蓝莓时必须同时栽种两种及其以上的蓝莓树种，否则蓝莓树便无法授粉不能结果。购苗时要看清楚树苗的名签。树苗的大小和其生长状况并无关系。

▶ **栽种要领**　蓝莓较为耐寒，12月至次年2月是最佳栽种时期。应栽种在日照充足的位置，并选择排水性、保水性良好的沃土作为花土。蓝莓对环境具有较强的适应力，也可栽种在上午日照充足的位置，虽然这样会影响产量。可为蓝莓准备取自耕地、河川等地的粘质土进行栽种。还需在土壤中添加红土和黑土。杜鹃花科的蓝莓适合在酸性土中生长，可在土壤中多加些泥炭土和鹿沼土。土壤不宜过于潮湿，可将蓝莓栽种在拢高至50～60cm的花土中。种下树苗后，应用泥炭土和腐叶土覆盖树根，以防干燥。

▶ **施肥要领**　可在1～2月和8月为蓝莓树施肥两次。可以用等量的油渣、骨粉混合物做肥料，也可以选用富含磷酸的粒状化肥。把肥料撒在树根处即可。

▶ **整形・修剪要领**　长势旺盛的新稍和去年萌生的短枝都会开花，花芽的生长与栽培状态有关。8月下旬至9月上旬萌生的短枝顶芽和其

维口

红珍珠

蓝莓

蓝莓的红叶

下方的 2 ～ 3 芽处会结生花芽。花芽会在次年 4 月中旬至下旬开花结果。6 ～ 9 月，蓝莓果实便会成熟。

蓝莓无需修剪也能保持良好的树形，但也不能任其恣意生长。首先要剪除徒长枝，徒长枝在晚秋时节也能生长。无论怎样修剪，其枝稍也会受到低温的影响。可在 11 月剪去较为柔软的枝条，并齐根剪断无用枝。3 ～ 4 年枝会生出很多小枝，结出很多果实。但鉴于果实太小，可以将这样的枝条齐根剪断，以便促进结实枝生长。

11 月以后，次年开花的花芽便会逐渐萌发。可在冬季将结过果实的小枝、无花芽小枝和枯枝一并剪掉。

柑橘

●温州蜜柑　金橘　●蜜柑科　常绿灌木，小乔木
●树高　3～5m　●收获期　10～12月（温州蜜柑）
●栽种期　4月下旬至5月上旬，9月

柑橘类果树种类繁多。从秋季到次年春季，橘树上会结满金黄色的小果实。

结满果实的橘树既可以观赏，又可以摘果食用。

种类

以下是能够在日本栽种的几类柑橘。

温州蜜柑　约500年前，此类柑橘以由中国引入日本，自明治时期推出了众多优良品种、杂交品种以后，此类柑橘便被人们广泛地栽种起来。此类柑橘的耐寒品种也可以栽种在较冷地区的庭院中。

橘子　此类蜜柑适合生长在冬暖夏凉、降雨量较少的环境中。虽然此类蜜柑很难在日本过冬，但栽种日本的原生品种依然能够体验到种植的乐趣。

一才柚子

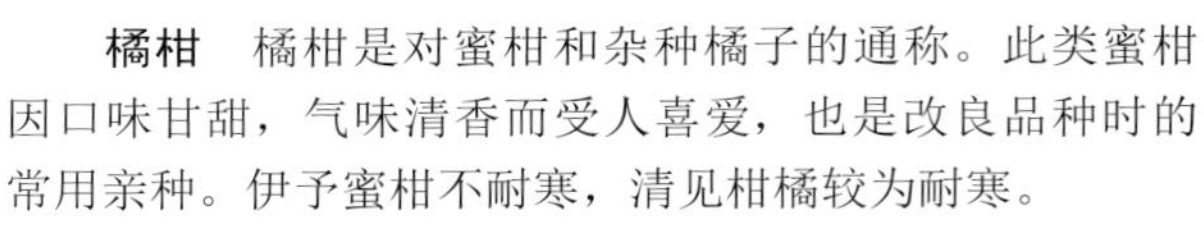

橘柑　橘柑是对蜜柑和杂种橘子的通称。此类蜜柑因口味甘甜，气味清香而受人喜爱，也是改良品种时的常用亲种。伊予蜜柑不耐寒，清见柑橘较为耐寒。

日本夏橙　此类柑橘不耐寒、口感酸涩。现在出现在市面上的是名为“甘夏”的品种。

椪柑　人们对此类果树的改良下足了工夫，市面上出现了很多果实可口的人气品种。此类柑橘不耐寒，日本九州南部以外的地区只能做盆栽养护。

柚子、八朔　柚子是指果重超过1kg的大柚子。八朔是指原产广岛县、耐寒性较差的蜜柑。

柠檬、青橙　此类蜜柑极不耐寒，只能以盆栽的方式养护。

日本柚子　此类柑橘可代替食醋。自古以来，柚子就是日本人饮食生活中必不可少的水果。日本柚子的果树十分耐寒，在日本东北南部以南地区也可以栽种在庭院中。

卡波斯、苏打其柑橘　此类柑橘较为耐寒。苏打其柑橘可栽种在东北南部地区的庭院中。

金橘　金橘比温州蜜柑还要耐寒，且营养价值更高。

金橘

栽培要领

地区气温不同，则柑橘类果树的作业时期和方法也不同。若想收获美味好吃的柑橘就要了解当地的培育方法和作业时机。日照、温度会对柑橘的结果造成直接的影响。

▶ **栽种要领**　4月下旬至5月上旬和9月是柑橘树的最佳栽种时期。气候温暖的地区可在3月下旬进行栽种。如能将果树栽种在光照充足、不受寒风侵扰的位置，并为之准备排水性良好

温州蜜柑

日本夏橙

无刺柠檬·西西里岛（产地）

卡波斯

的土壤，则果树在任何土质中都能生得很好。可以挖一个较大的种植用坑，在坑内多多地填入腐叶土和堆肥，并把果树栽种在较高的位置上。

▶ **施肥要领** 可在3月时根据树高给橘树施加定量一半的化肥，余下的化肥可分成两份在6月上旬和11月中旬播撒下去。既可用等量的油渣和骨粉的混合物做化肥，也可用颗粒状化成肥料做化肥。3月和9月下旬，可将两把肥料撒在树根处。

▶ **繁育要领** 可用扦插法进行繁育。植株生长4～5年后就能长得很结实。

▶ **病害防治** 蚜虫、蚧壳虫是柑橘树的常见虫害，可用相关药剂进行驱虫。凤蝶的幼虫会侵食树叶，若放任不管，幼虫会在一天之内吃光所有树叶。因此，一旦发现凤蝶的幼虫就要及时捕杀。

▶ **修剪要领** 1～2年枝的叶腋处会结生果实。柑橘树无需修剪也能保持良好树形。可剪去3月中旬至下旬生出的搅乱树形的徒长枝，梳理纠缠在一起的枝条和树冠内部枝条。

橄榄

橄榄树

观叶果树

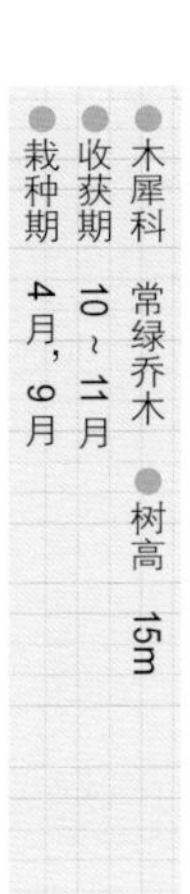

橄榄

●木犀科 常绿乔木 ●树高 15m
●收获期 10～11月
●栽种期 4月，9月

橄榄树原产地中海沿岸。春季，橄榄树的叶腋处会抽出短短的花枝，绽放黄白色的小花。此树叶表为深绿色、叶背为银白色。橄榄树萌发的新芽十分美丽，是观叶果树。据说，橄榄树的树种数以千计，常见品种有Manzanillo、Lucca、Nevadillo Blanco、Mission等。为了让橄榄树结生果实，可将两棵不同品种的橄榄树紧密地栽种在一起。

新结的橄榄果是绿色的，入秋后果实就会变成黄色、黑色。可用橄榄果制作西餐凉菜，也可以榨油食用或入药使用。

栽培要领

橄榄树大多生长在温暖少雨的环境中。由于橄榄树生命力较强，且具有一定的耐寒性，因此它在贫瘠的土地中也能生存。

▶ **栽种要领** 温暖的4月、9月是栽种橄榄的最佳时期。选日照充足、不被寒风侵袭的位置，并选择排水性良好的沃土作栽种。一定要为植株创造干爽的生长环境，否则植株就会烂根。橄榄树不能自花授粉，需栽种两种以上的橄榄树才能结生果实。

▶ **施肥要领** 氮肥不宜过量。可在2月将1～2把等量的油渣和骨粉混合物播撒在树根附近。

▶ **修剪要领** 此树无需修剪也能保持良好的树形。只剪掉树冠内部的小枝即可，每隔3、4年可于2～3月上旬给果树剪枝。

▶ **病害防治** 通风不顺畅的环境会导致植株滋生蚜虫和蚧壳虫。可对症下药给果树驱虫。此外，橄榄树还会遭受天牛幼虫的侵扰。若你在树根处发现锯末般的木屑，应及时清扫树根找出虫洞，将杀虫剂注入洞中。

猕猴桃

与新西兰国鸟同名的果树

●奇异果　狐狸桃　●猕猴桃科　落叶木质藤蔓植物
●藤长　5m以上　●收获期　10月中旬至12月上旬
●栽种期　1～2月上旬

猕猴桃原产中国，经引进新西兰后改良，与新西兰国鸟几维（Kiwi）鸟同名。

雌雄异株的猕猴桃只有同时栽种雌雄双树才能结果。猕猴桃树长势旺盛，植株高大，需要较大的生长空间。生命力顽强、成活率高是猕猴桃藤的最大优点。

栽培要领

搭设猕猴桃架会让后期采摘作业变得轻松很多。若庭院面积较小也可以考虑设立木桩或篱笆供植株攀爬。

▶ **栽种要领**　猕猴桃树根复苏较早，可在1～2月上旬进行栽种。猕猴桃藤又粗又长，需要为其准备10㎡的生长空间。

▶ **施肥要领**　可在1～2月给果树施加寒肥，可用等量的油渣和骨粉的混合物做肥料。9月上旬可为果树再次追肥，肥量为寒肥的一半。

▶ **结实特征**　健壮新梢短枝的叶腋处以及粗长藤蔓基部的叶腋处会萌生花芽。次年，萌生的花芽就会开花结果。猕猴桃丰产性强，但结果多会影响果实品质。可尽早摘取长得硬实的果实。

▶ **修剪要领**　12月下旬至次年1月，可将生得过长的藤蔓剪去2/3，或保留1m左右的藤蔓再剪去其余部分。给猕猴桃剪藤要在两芽之间操作，以免影响芽的生长。

多年生的粗壮树藤很可能会压垮果树架。可每隔几年剪去粗长的藤蔓，促进新藤生长。修剪粗枝时，应在切口处涂抹愈合剂，以免使果树受伤。

雌花

艾伯特

海沃德

雄花

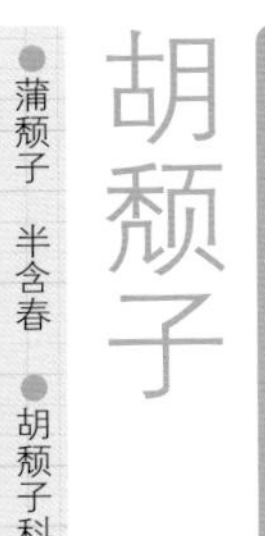

胡颓子

●蒲颓子 半含春 ●胡颓子科 常绿灌木，藤蔓植物
●树高 2～5m ●收获期 7～8月，5～6月
●栽种期 11月下旬至12月，2～3月

木半夏

日本各处山间都生有胡颓子。胡颓子的红果可以生吃，果树也是家喻户晓的“庭栽名果树”。

胡颓子的常见庭栽品种是木半夏的变种，日本人将之称作“唐茱萸”。由于此树结生的果实又大又甜，所以也被称为“大胡颓子”。

栽培要领

气候较为寒冷的地区可在3月下旬至4月栽种果树。东京以南地区可于11月下旬～12月或2～3月栽种果树。应栽种在日照充足的位置，并选择排水性良好的土壤栽种。需为胡颓子创造一个干爽的生长环境。

健壮短枝新梢的叶腋处会萌生花芽，结生果实。落叶期（12月至次年2月）可将影响树形的长枝剪掉1/3，再精心培育短枝。应梳理纠缠在一处的枝条，修整树形。

醋栗 红醋栗

●醋栗 灯笼果 ●醋栗科（虎耳草科） 落叶灌木
●树高 1.5m ●收获期 6月中旬至7月中旬
●栽种期 12月至次年3月上旬

醋栗 · 德国醋栗

长势旺盛的醋栗适合栽种在面积较小的庭院中。6月中旬至7月中旬，果树枝头就会结满形似玻璃球般圆滑可爱的半透明浆果。醋栗可分为欧洲醋栗和美洲醋栗等两类。果实呈房状的红醋栗被称为美洲醋栗或红加仑子。

栽培要领

落叶期（12月至次年3月）是栽种醋栗的最佳时期。醋栗较为耐寒，并不耐热。应栽种在日照充足、通风顺畅、不被夏日夕阳余晖照射到的位置。

一年内的新稍短枝上会萌生花芽。次年，花芽便会开花结实。新稍无需修剪也能结实。可剪掉结实少的老枝，保留结实多的2～3年新枝。

红醋栗

耐寒的果树

野苹果

●红果 ●蔷薇科 落叶小乔木
●树高 5～10m ●收获期 10～11月
●栽种期 12月至次年2月

野苹果是最为耐寒的果树。日本关东以西地区也能栽种此类果树。据说，较为常见的庭栽品种是苹果树与榅的杂交果树。“姬国光”是国光苹果和野苹果的杂交品种。

栽培要领

12 月至次年 2 月是此树的最佳栽种时期。气候寒冷的地区可在冰雪消融后的春季栽种。野苹果在任何土质中都能生存。最好栽种在日照充足的位置，并选择排水性良好、富含腐殖质的土壤栽种。

此树枝头的长枝是不生花芽的，基部粗壮的短枝枝梢才会萌生花芽。应促使果树多多地萌发这样的短枝。为了让树冠内部通风顺畅、沐浴到阳光，应剪去长枝、弱枝、枯枝。可在 12 月至次年 2 月中旬进行修剪。

野苹果

果实可用来制作果酱的果树

木莓

●覆盆子 树莓 ●蔷薇科 落叶，常绿灌木
●树高 1.5～2m ●收获期 6月中旬至7月
●栽种期 3～4月上旬，11月下旬至12月

草莓的近亲木莓大致可分为木莓和黑莓两类。最近，木莓成了较有人气的庭栽果树。丛生的木莓果实成熟后可轻松从花托上摘下来。黑莓长长的树枝形似藤蔓,其成熟的果实不易与花托分离。

栽培要领

3 ～ 4 月上旬和 11 月下旬至 12 月是此树的最佳栽种时期。应栽种在日照充足、通风顺畅的位置，并选择排水性良好的土壤作为花土。这样木莓在任何土质的土壤中都能生存。

去年枝生长的新梢会萌生花芽。从地面分蘖的枝条也会结生次年开花的花芽。落叶后要剪掉枯枝，促使果树分蘖。应尽早剪掉无用藤。

印第安之夏

黑莓

花楸

结有青紫色果实的果树

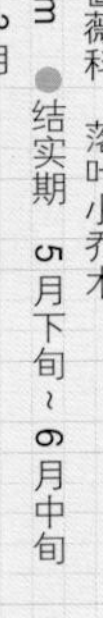

花朵缤纷的花楸树

先开花后长叶的丛生花楸原产北美洲。5月下旬至6月中旬，此树会结出由红色变为青紫色的果实，果实与果树同名。

花楸会在4～5月之间一边长叶一边绽放白色的花朵。秋季，此树便会结生紫黑色的果实。

花楸

栽培要领

2～3月是此树最佳栽种时期。初冬12月也可以栽种果树。应栽种在日照充足的位置，并选择潮湿肥沃的土壤作为花土。此树在酸性、碱性的土壤中都能生存。

不要把所有枝条都剪掉。只需齐根剪断过长的枝条，使果树保持自然风貌即可。可在1～2月修剪果树。

火棘

为枯淡宁静的冬日注入生机的可爱红果

●火把果 红子刺 ●蔷薇科 常绿小乔木
●树高 3～4m ●结果期 11月至次年1月
●栽种期 4月，9～10月上旬

火棘

火棘是火棘属植物的统称。红色、橙色的火棘果会给无趣的冬季平添几分秀色。火棘包括窄叶火棘和欧亚火棘。前者产自中国西南部，秋季会结生橙黄色的果实。后者在南欧、西亚等地均有分布，秋季会结生鲜红色的果实。

栽培要领

气温较高的4月以及9～10月上旬是此树最佳栽种时期。应栽种在日照充足且不受冬季寒风侵袭的位置，并选择排水性良好的土壤作为花土。此树在任何土质的土壤中均能生长。

一年内的新生枝条基部的短枝会萌生花芽。可将长枝齐根剪断，或修剪为结果枝。可在2月进行修剪。

果实硕大的绿荫树

日本木瓜 五叶木通

●木通 牛藤 ●木通科 常绿藤蔓植物

●藤长 8 ~ 10m、8 ~ 20m ●收获期 9 ~ 10月中旬

●栽种期 日本木瓜3 ~ 4月、8 ~ 9月、五叶木通2 ~ 3月、11 ~ 12月

三叶木通

日本木瓜

常绿藤蔓植物日本木瓜生长在日本从关东以西地区到四国、九州一带的山野中。5月，树枝会绽放略带紫红色的房状白花。秋季，成熟的果实会变成紫色。与五叶木通不同的是，日本木瓜的果实不会开裂。

五叶木通生长在日本本州、四国、九州的山野，是落叶木质缠绕藤蔓植物。养护时可为之修筑篱笆，供藤条攀爬。4月，五叶木通在展叶的同时也会绽放淡紫红色的房状花朵。其成熟的果实呈浅紫灰色，开裂的果实中会显露出黑色的种子。

栽培要领

3 ~ 4月和8 ~ 9月是日本野木瓜的最佳栽种时期；2 ~ 3月和11 ~ 12月是五叶木通的最佳栽种时期。应将此类植物栽种在日照充足的位置。只要土壤排水性良好，此类植物在任何土质的土壤中均能生长。

可在11月至次年2月剪去长枝，梳理纠缠在一起的部分。可尽早剪掉无用的藤条。

紫色果实将金秋点缀得生机勃勃

日本紫珠

●紫珠 ●马鞭草科 落叶灌木

●树高 1.5 ~ 3m ●结实期 10月中旬至12月

●栽种期 11 ~ 12月，2 ~ 3月

白棠子树

秋季，日本紫珠光鲜诱人的紫色果实便会挂满枝头。适合庭栽的日本紫珠多为小型的白棠子树，和果实为白色的白果日本紫珠。

栽培要领

11 ~ 12月和2 ~ 3月是日本紫珠的最佳栽种时期。应将日本紫珠栽种在日照充足的位置，并选择排水性与保水性均好、富含腐殖质的土壤栽种。此树在半日阴处也能生长，但日照不足会影响结花数量。

树枝的叶腋处会萌生花芽，次年会开花结果。此树无需修剪也能保持良好的树形。可在1月下旬至3月上旬修剪树枝。有过结果经历的树枝可保留1 ~ 3芽，再剪去余枝。这样有助于果树萌发新芽。树枝结果若干年后会生得很长，可将之齐根剪断以便促进新枝生长。

葡萄

●葡萄 ●葡萄科 落叶木质藤蔓植物
●藤长 10 ~ 15m
●收获期 8月中旬至10月中旬
●栽种期 1 ~ 3月

特拉华葡萄

最适合在高温潮湿地区栽种的葡萄是美洲系品种和欧美杂交品种。

栽培要领

1～3月是葡萄的最佳栽种时期。应栽种在日照充足的位置，并选择排水性良好的粘质土作为花土。

搭设葡萄架是较为常见的培育方式。若庭院面积较小，也可以为葡萄树立藤条攀爬桩。长势健壮的叶腋处会于春夏两季萌生花芽。12月至～次年1月，可保留长藤上的几枚芽，再剪掉余枝。

无花果

●阿驲 ●桑科 落叶小乔木
●树高 2 ~ 6m
●收获期 6 ~ 10月
●栽种期 3 ~ 4月上旬

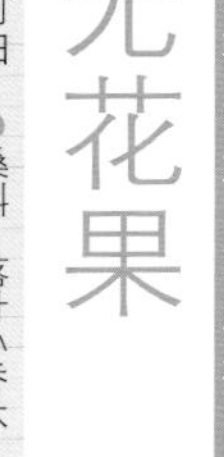

无花果分为果实在6 ~ 7月份成熟的夏熟品种和果实在8月以后成熟的秋熟品种。前者很容易在梅雨季节腐烂，建议栽种秋熟品种。

栽培要领

3～4月上旬是最佳栽种时期。应将之栽种在日照充足的位置，并选富含腐殖质的湿润土壤作为花土。秋熟品种的花芽生于新稍的叶腋处，后期会开花结果。夏熟品种的果实较小，能够在日本过冬。秋熟品种可于落叶期的（12月至次年3月上旬）将有结果经历的枝条保留10cm，再剪去余枝。

白热那亚

落霜红

●猫秋子草 ●冬青科 落叶灌木
●树高 2 ~ 3m
●结果期 11月至次年1月中旬
●栽种期 11月至次年3月

大纳言

落霜红是雌雄异株的果树，可以栽种果实美丽的雌树装扮庭院，并且，红色的果实是小鸟的美餐。

栽培要领

落叶期（11月至次年3月）是最佳栽种时期。应栽种在日照充足的位置，并选择富含腐殖质的土壤作为花土。

一年内生短枝的叶腋处会萌生花芽。可在2～3月修剪树枝、理顺枝条。可保留徒长枝的2～5节，再剪掉余枝。

易于养护的果树

柿子

●柿子树　●柿树科　落叶乔木
●树高　10m
●收获期　9月中旬～11月中旬
●栽种期　12～次年2月

柿子

柿子树是较为常见的庭栽果树。

栽培要领

12月至次年2月是最佳栽种时期。应栽种在日照充足的位置，并选择排水性良好的沃土作为花土。

粗壮枝条的顶端会萌生2～3枚花芽。徒长枝不会萌发花芽。

可在12月至次年2月剪掉不再萌生花芽的老枝、徒长枝、小枝和乱枝。

树干美丽的果树

温桲

●中华假温桲
●蔷薇科　落叶乔木　●树高　3～6m
●收获期　10月中旬至11月
●栽种期　11月下旬至次年2月

此树树干生有美丽的斑纹，椭圆形的硕果在成熟后会散发出阵阵清香。

栽培要领

可在除严寒期以外的11月下旬至次年2月的期间进行栽种。应将之栽种在日照充足的位置，并选择排水性良好、富含腐殖质的土壤作为花土。

此树花芽生于基部壮实的短枝枝头，不生长在长枝上。可在落叶期的12至次年2月修剪果树。应剪去无用枝。保留长枝5～10芽后，剪去余枝。

温桲

花与果树是夏秋两季的美丽景色

石榴

●石榴　安石榴　若榴
●石榴科　落叶小乔木
●树高　5～6m　●收获期　9月中旬至10月中旬
●栽种期　4月上旬至5月

石榴可分为花朵美丽的观花石榴和果实美味的食用石榴。

栽培要领

气温回暖的4月上旬至5月是最佳栽种时期。应将之栽种在日照充足的位置，并选择排水性良好、富含腐殖质的中性或弱酸性土壤作为花土。

年内生健壮短枝会萌生花芽。次年，萌芽处会长出新稍，新稍顶端会绽放花朵。花谢之后果实就会结果。2月可保留长枝基部5～6芽后剪去余枝。

石榴

欧洲冬青

为圣诞节增添节日气氛的果树

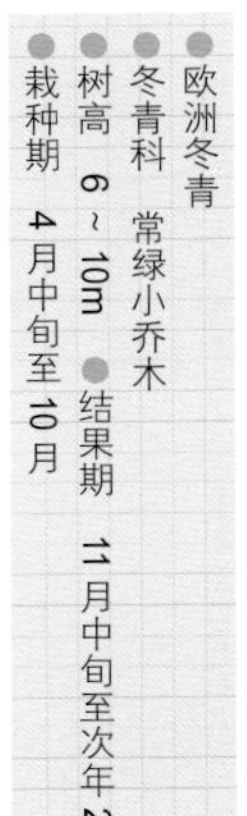

●欧洲冬青
●冬青科　常绿小乔木
●树高　6～10m　●结果期　11月中旬至次年2月
●栽种期　4月中旬至10月

欧洲冬青

欧洲冬青是能够为圣诞节增添节日气氛的果树。此树是原产欧洲的常绿阔叶小乔木。雌雄异株的欧洲冬青生有肥硕的深绿色叶片，叶缘还带有尖刺。雌树会在花谢后的秋季结生鲜红的果实。

栽培要领

4 月中旬至 10 月是最佳栽种时期。应将之栽种在日照充足的位置，并选择排水性良好的土壤作为花土。

此树无需修剪也能保持良好的树形。虽然此树生命力顽强，但最好不要大幅度修剪。

杨梅

斜风细雨中酸甜可口的果实

●野杨梅　●杨梅科　常绿乔木
●树高　3～4m
●收获期　6月中旬至7月中旬
●栽种期　4月中旬至5月中旬，9月

杨梅是日本关东南部以西地区生长的野生常绿树。此树为雌雄异株，雌树花谢后便会结生美味的果实。

栽培要领

4 月中旬至 5 月中旬或 9 月是最佳栽种时期。应栽种在日照充足且不被冬季寒风侵袭的位置，并选择排水性良好的土壤作为花土。

新梢健壮的短枝叶腋处会生长花芽。应剪除不生花芽的长枝，促进新枝生长。可在 2 ～ 3 月上旬修剪果树。

杨梅

草珊瑚

吉祥的贺岁树

●满山香　观音茶　●金粟兰科　常绿灌木
●树高　0.5～1m　●结果期　6～7月（12月至次年1月成熟的果实会变成红色）
●栽种期　4月，8月下旬至9月

草珊瑚

草珊瑚丛生于地面的枝条可长到 0.5 ～ 1m。12 月至次年 1 月其成熟的果实就会变成红色。

栽培要领

4 月或 8 月下旬至 9 月是最佳栽种时期。应将之栽种在半日阴处，并选择排水性良好、富含腐殖质的湿润土壤作为花土。

此树无需修剪也能保持良好的树形。年内新枝顶端会萌发花芽，花芽会于次年开花结果。可以在 12 月剪掉不结果、长势较弱的枝条。

南天竹

果实鲜红、树形美丽的转运树

●南天竺 ●小檗科 常绿灌木
●树高 2m
●结实期 11月中旬至次年2月上旬
●栽种期 3月下旬至4月，9～10月上旬

南天竹

用鲜红色的果实装扮冬季的南天竹因其日语发音与“难转”（消灾避祸）相似，所以被日本人视为一种吉祥的果树而广泛栽种。

栽培要领

3月下旬至4月和9～10月上旬是最佳栽种时期。若能栽种在日照充足的位置，并选择排水性良好的土壤作为花土，此树就能多多结果。

南天竹不修剪就会生得树形凌乱。可在2～3月保留5～7根枝条，再齐根剪断无用枝。

朱砂根 紫金牛

给正月增添喜庆气氛的吉祥树

●黄金万两 八角金龙 金玉满堂 凉伞盖珍珠
●紫金牛科 常绿小灌木●树高 0.5～1m，0.3～1.3m
●结实期 11月至次年1月
●栽种期 4～5月上旬，8月下旬至9月

朱砂根会在初夏绽放白色的花朵，在冬季结生红色的果实。紫金牛会在夏季绽放白色或淡红色的花朵，在冬季结生红色的果实。

栽培要领

4月至5月上旬和8月下旬至9月是最佳栽种时期。应栽种在半日阴处，并选择富含腐殖质的湿润土壤作为花土。朱砂根若生得过于高大，可酌情修剪枝条，促进新枝生长。紫金牛可在树形凌乱时进行修整，修整期为12月至次年1月。

朱砂根

中国樱桃

生长在枝头的可爱红果

●英桃 樱珠 ●蔷薇科 落叶灌木
●树高 3～4m
●结果期 6月
●栽种期 11～12月，2月中旬至3月

中国樱桃一边发芽一边开花。6月，枝头的果实便成熟可食。

栽培要领

11月至12月和2月中旬至3月是最佳栽种时期。除了极度贫瘠的土地，中国樱桃在其他土质的土壤中均能生存。日照不足会影响果实产量。应选择排水性良好、富含腐殖质的土壤栽种。

此树无需修剪也能保持良好的树形。可在落叶期剪掉树冠内的杂生小枝。

中国樱桃

观果树和小果树的养护要领

1. 栽种要领

栽种果树时需多多浇水。大多裸苗果树在栽种过程中容易损伤根须，栽种时需多加小心。扦插树苗要观察接口处是否平整，有无松动迹象。不要将树苗栽种在日照不足的位置，这会影响果实的产量。

2. 修剪要领

可在收获后或观赏期结束后修剪果树。此时是果树的萌芽期，修剪会使花芽数减少。

但结果太多也会影响果树长势。为了让果树每年都能开花结果，应适当削减结花数与结果数。可根据庭院面积修剪枝条，控制花芽数量。

3. 收获要领

果实数量少意味着果实品质高。为了收获美味的果实，去粗取精的修剪是必要作业。

盆栽要领

下面以温州蜜柑的“兴津早生”树苗的栽种方法为例，为你讲述盆栽果树的要领。请准备以下园艺素材：深花盆、水土拦护网、大粒土、栽种用土、支棍。

可先将裸苗进行浮栽。栽种之前应将树苗在水中浸泡一个晚上，并取下嫁接胶带。

在盆底铺设水土拦护网，填入赤玉土和大粒鹿沼土等大粒土。必须为果树的根创造透气的生长环境。

在盆中填入少许花土。把树根铺散在花盆中央，扶持树苗继续填土。花土可用花市出售的培养土，也可以将赤玉土、腐叶土、河沙、以 6:3:1 的比例调配栽种土。

为了让树根稳固地扎根花土，可抬起花盆，轻轻地掂几掂，让土填满根须的缝隙中。

浇水要浇到水积滞在花盆边缘，并从花盆下方的排水口流出为止。要给被水浇得塌陷的地方填补花土。

用 8 字结将支棍与树苗固定在一起。在树苗生出新根前不要移动树苗。

树苗有很多根须，所以不必修剪叶片。应将盆栽摆放在日照充足处，之后继续浇水。

蓝莓的栽种要领

1 蓝莓树虽然多在酸性土中生长，但其树苗却应栽种在未做调整的泥炭土中。先在地面挖一个直径为50cm的土坑。

2 土坑的深度要足够容纳树苗根部土坨。可将土坑深度设定为30～40cm，在挖好土坑之前不要把树苗从加仑盆中取出。

3 在挖出来的土中加入3成泥炭土，将土壤调配成酸性土。敲碎土块，把土壤搅拌均匀。

4 加入半桶搅拌好的土壤，再注水搅拌。泥浆不要太稀，要调合至能够拿捏得起来的程度。

5 取出树苗，用泥浆涂抹根部土坨，为土坨保湿。新花土有助于树苗生出新的根须。

6 把裹着泥浆的树苗栽种在土坑中央，不要深栽。

7 用余土修筑一圈土垄，再用搅拌泥浆的桶给树苗浇水。

8 气泡消失后可铲平土垄，把树根处土壤抚弄平整。给树苗竖起支棍，用绳子将支棍与树苗固定在一起。

9 谨防干燥，土壤干燥会影响新根发育。

10 蓝莓枝条呈丛生状生长。可贴着地面剪断老枝，促进新枝生长。这种方法也能修整树高。

修剪方法① 修剪枝条

剪除无用枝，确认结果枝后在外芽（与果树中心成反方向生长的芽）的偏上方进行剪切。

若从枝条中部动手剪切，新枝就会从下方余芽处生出。能否选取这种修剪方式要看果树枝条的生长方式。

修剪方法② 剪除分蘖

从生状果树的分蘖很容易看到，主干形的树木也会分蘖。应紧贴地面剪除分蘖枝。

修剪方法③ 加大枝条间距

梅树的枝杈多，花芽也多。为了保持树冠周正，可以剪去部分树枝。

将树枝齐根剪断可控制枝芽生长。这样就能使枝条保持间距。

修剪方法④ 修剪藤条

猕猴桃的枝条长势较旺。落叶期可将不生芽的藤蔓和结果实的枝条通通剪掉。

选定结果枝和母枝，选枝时要考虑果树树形的平衡。

修剪方法⑤ 修剪粗枝

粗枝会加重果树负担，最好不要让树枝生得太粗。可用锯条锯掉粗枝。

为了让切口尽快复原，应将切口修剪得平整一些。可用小刀修整切口较为粗糙的部分。

切口干燥会招来病菌使果树受损。可用愈合剂涂抹切口，辅助果树恢复良好的生长状态。

园艺基础

必读园艺小常识

园艺用土

肥料

浇水

病害防治

●何谓栽培土

适合用来栽培植物的土壤需具备以下特征：良好的透气性、排水性和保水性；酸碱度适中或略显酸性；富含有机质。尽管有些植物能在土质贫瘠的土地中生长，有些植物能在强酸性土壤中生长，有些植物甚至只能在密度较高的土壤中生长，但大多数植物还是适合栽种在具备上述特征的土壤中的。

·透气性、排水性和保水性

雨后不会长时间积水，手感松软且具有一定湿度的土壤比较适合栽种植物。这种土壤的土粒能够贮存水分（保水性好），土粒间存有空隙（透气性、排水性好），土壤中微生物分解的有机质易于被植物吸收，因此这样的土壤也被称为“沃土”。砂砾质土壤的排水性和透气性虽然也不错，但保水性差，不易保存养分。

·土壤酸度

可用花市出售的 PH 计或酸度测定器测量土壤酸度。中性土 PH 值为 7.0，土壤酸度的最优值应在 6.0 ～ 6.5 这一区间，因为微生物能够在这样的土壤中生存并制造养分。

●调配培养土的方法

结块且不吸水的土壤是不适合栽种植物的。你可以换掉土壤，也可以在土中埋一条“暗渠”。不过，还有比这更加简单实用的操作方法。

·细耕花土

必须深耕初次栽种植物的土地。栽种花草的土地要深耕 40cm，栽种树木的土地要深耕 50 ～ 60cm。筛除土中的杂质和石头，这样会使土质变得更好。

·调和土壤酸碱度

土地在被雨水浸润后多呈酸性，可薄撒一层苦土石灰，再耕耘土壤，把石灰搅拌到完全与土壤相融为止。

·加入堆肥和腐叶土

土壤调和酸碱度一周后，可以将堆肥以 $5kg/m^2$ 的比例加入土壤。第二年时可将堆肥的比例降低至 $2kg/m^2$。若想提升土壤的排水性和透气性可在土壤中加入三四成的腐叶土。为了降低栽种成本，只把腐叶土填入栽种坑洞中即可。必须使用完熟腐叶土（土壤为黑色，其中没有尚未分解的枝叶等杂物）栽种植物。非完熟腐叶土会因发酵而损伤植物根须，诱发病虫害。

·冬季保养方法

栽种过植物的土壤会萌生杂草，而杂草很难铲除干净；下雨或浇水会让土壤结块变硬。可在少有花开的冬季翻地晒土，让土壤吹上一个月的寒风。晾晒深层土壤既可以粉碎土块，恢复土壤的透气性、排水性和保水性，也能冻死处于休眠状态的虫卵和杂草。

·盆栽用土

盆栽、混栽用土也一样需要具备透气性、排水性和保水性等特征。花盆中土壤较少，根须生长空间有限，盆内水分很快就会被植物吸光，所以浇水次数也较为频繁。这样的环境易使盆土结块，使根须呼吸、吸水受到影响。这种现象就是“根须过密”，它不仅会影响土壤的透气性、排水性和保水性，严重时还会引发“烂根”问题。即根须无法吸收土壤中的水分和养分。如遇上述情况，可更换新土重新栽种植物。

●调配盆栽花土

先在花盆底部的排水口上方铺设一枚水土拦护网。为了增强土壤的排水性，可在加入大粒土后，再加入栽培用土。在 3 号加仑盆或较小的花盆栽种或进行短期栽种时，则不需要做上述准备。

各种土壤改良用土

腐叶土
腐叶土可以提高土壤的透气性、排水性、保水性和保肥性。可以自行收集落叶，在不失水分的密闭环境中自制腐叶土。只有完熟的腐叶土才可以作园艺土使用。

赤玉土
赤玉土是盆栽花的基本用土。若想提高土壤的透气性和排水性，可加大赤玉土在花盆中的比例。播种育苗、扦插育苗时的花土都是赤玉土。花市上出售的赤玉土是根据土粒大小定价的。

堆肥
堆肥可根据成分分为牛粪堆肥和树皮堆肥。可用堆肥机将厨余垃圾制作成堆肥。必须用完熟堆肥给植物施肥。

珠光体
珠光体可以提高土壤的透气性、排水性、保水性。用火山岩烧制而成的质地较轻的珠光体适合作吊篮用土或房顶花园用土使用。

改良土
改良土可以改善土壤的透气性、排水性和保水性。改良土是高温加工的无菌土，质地较轻。播种育苗或栽种吊篮时可选用此土。

泥炭土
泥炭土可以提高土壤的排水性、保水性和保肥性。泥炭土为酸性土，若植物不喜酸性土，可用调整完酸度的土壤进行栽种。

轻石
轻石属砂砾土，可以改善土壤的透气性和保水性，质地较轻。是栽种洋兰和野花的基本用土。

硅酸盐白土
此土可以作为防治植物烂根的防腐剂使用。硅酸盐白土既能提高土壤的排水性和保水性，又能净化水质，是必备的盆栽用土。

稻壳炭
稻壳炭可以提高土壤的透气性和保水性。稻壳炭含磷酸、钾、镁等成分。如用水钵栽花，稻壳炭可以起到保持水质的作用。

盆栽土的调配比例

草本花卉＝赤玉土6：腐叶土4

赤玉土
腐叶土

多肉植物＝赤玉土5：腐叶土3：鹿沼土1：稻壳炭1（栽种多肉植物要注意土壤的透气性和排水性）

稻壳炭
赤玉土
鹿沼土
腐叶土

吊篮用土＝泥炭土4：改良土3：珠光体2：鹿沼土1（应选用质地轻的土做吊篮用土）

鹿沼土
泥炭土
珠光体
改良土

树木用土＝赤玉土7：腐叶土3（种树要做长远打算，须确保花土品质）

腐叶土
赤玉土

杜鹃花类植物用土＝鹿沼土7：泥炭土3（应为此类植物调配酸性土）

泥炭土
鹿沼土

·草本花卉的基本用土

可用频繁浇水也能保持良好土质的小粒赤玉土做主花土，再将4成的腐叶土作为有机质拌入主花土。若盆栽数较少，觉得调配花土太麻烦，也可以购买花市上出售的专用花土。

赤玉土受摩擦散落的粉末会影响花土的排水性。可用网眼为1mm大小的筛子筛去粉末，种好花苗后多多浇水，冲去粉末。

·树木的基本用土

树木用土的调配方法同上。由于树木的地上部分较大，树根较深，可以增加赤玉土比例。若栽种杜鹃花类植物，则可在土中加入鹿沼土和泥炭土。

●肥料三要素

在维持植物生长的必要养分中，约 90 % 的碳水化合物都是植物通过光合作用自行产生的。植物通过呼吸空气、吸收水分，利用光合作用将二氧化碳（或硫化氢）和水转化为有机物，并释放出氧气（或氢气）。余下 1% 的无机质中，土壤中含量不足却有助于植物生长的 6 种成分就是构成肥料的主要元素。

6 种元素中主要的 3 种元素是氮、磷、钾。花市上出售的大多花肥都是在改变这 3 种元素所占比例的基础上调配而成的。土壤中的其他元素被称为“微量元素”。

盆栽花和花园等面积较小、花卉众多的养花区都需要施肥，这些区域中花土的养分远不如自然土壤充足。如果花土中某种元素过少，则植物就很难吸收其他元素。因此，在栽种之前，应先施加化肥和活力素提升土壤中的微量成分。

●基肥和追肥

植物在成长过程中所需肥料都是定量的，栽种之前可先施加一些化肥作为“基肥”。根据植物在各生长阶段的长势而补充的肥料叫“追肥”。

・基肥常识

为让新株开枝散叶茁壮成长，可为之多施氮肥。当植株长大并进入繁育阶段时，可为之多施磷酸和钾肥。注意，一味地施加氮肥会使植株不停生长而无法孕育花芽。

好的基肥中应含有比例适中的氮、磷、钾三元素，且能够长期发挥肥效。能用分解出的元素调整土壤养分的理想肥料是“缓释肥料”。

・追肥方法

追肥是为了让必要元素在施肥阶段立即发挥效用。这种“速效化肥”多为液体化肥，可分为原液类化肥和稀释类化肥。高浓度化肥会烧伤花根，使用时需多加注意。

施肥面积较大或给地被植物施肥时，最好施加补充基肥分量的粒状化肥。可将这种肥料播撒在花土上，也可轻耕土地使之融入花土。

也可用上述方法给树木施肥。

●有机肥和化成肥

牛粪、鸡粪、骨粉等制成的与动物有关的肥料和油渣，以及草木灰制成的与植物有关的肥料称为有机肥。用化学方法合成的无机质元素制成的肥料是化肥。用不同种类的肥料合成的肥料是复合肥。

・有机肥的特征和使用方法

有机肥是能够长期发挥肥效的缓释肥。有机肥不会因为高浓度而烧坏植物的根，适合作为基肥使用。而且，有机肥中含有微量元素，不会对土壤中的微生物造成影响。

有机肥会被土壤中的微生物分解吸收。应在栽种的前 2 周提前施肥。未熟的有机肥会因发酵散热或排出的气体伤害植物根须。应选用完熟有机肥为植株施肥。自制有机肥时更应多加注意，确保肥料完熟。

花市上出售的有机肥多为颗粒大小略有不同的固体肥料。这种肥料即便肥效消耗完也不会消失，因此容易让人忘记追换新肥。有时，植物到了萌芽期或红叶期，有机肥中的氮元素依然会发挥肥效。在施加有机肥前，应先确认肥效期限。若给室内盆栽花施肥，则应选择无臭有机肥。

・化肥的施肥方法

虽说有机肥是缓释肥，但化肥并不见得都是速效肥，缓释肥料也可分为若干种类。缓释肥料含有不易在水中溶解却能在有机酸中溶解的成分，因此能够长期发挥肥效。

化肥的说明书上明确地写有氮（N）、磷（P）、

维系植物生长的 16 种元素

肥料				主要功能	肥料来源
空气			碳（C）	碳水化合物（可构成葡萄糖、淀粉、食物纤维）。碳水化合物与氮元素结合会生成蛋白质，赋予植物形态，为植物成长提供能量	空气
水			氧（O）氢（H）		水
多种要素（肥料）	肥料五要素	肥料三要素	氮（N）叶肥	氮有助于茎、叶生长，能够辅助植物进行光合作用，对处于生长初期的植物意义重大。氮肥不足会使植物“营养不良”，过量会使植物蔫软	土壤和有机质
			磷酸（P）花肥、果肥	磷酸能够提高花朵与果实的品质，对茎、叶、根的生长有着积极作用。磷酸不足会影响植物开花结果。磷酸不易在火山灰土中发挥肥效	
			钾（K）根肥	钾能够调节植物生理和渗透压、稳定土壤酸碱度、促使酶原发挥功效。钾肥能够提高植物适应环境、对抗病害的能力	
			钙（Ca）	钙有助于细胞壁形成，能够维持植物各项机能	
			镁（Mg）	镁是参与光合作用的叶绿素的构成要素，能够促使酶原发挥功效	
			硫（S）	可促进蛋白质的合成与根须生长	
微量元素（活力素）			锰（Mn）	锰可以固定二氧化碳，形成叶绿素	
			硼（B）	硼与蛋白质合成、细胞分裂、根须生长、结花有关	
			铁（Fe）	铁能够补充光能，形成叶绿素	
			铜（Cu）	铜有助于碳水化合物、蛋白质的代谢	
			亚铅（Zn）	亚铅有助于蛋白质的合成和种子形成。亚铅不足会使植物发育不良	
			氯（Cl）	氯可在光合作用时分解水，制造氯气	
			钼（Mo）	钼除了能发挥硝酸还原酶的功效，还能合成酶	

主要有机肥的比例和特征

种类	N:P:K（成分比例）	特征
油渣	5:2:1（发酵油渣为 5:5:2）	油渣为氮肥。发酵油渣营养最好，且氮肥不会过量
鸡粪	3:5 ~ 6:3	鸡粪为磷酸，适合作花树的基肥；牛粪可作堆肥使用
骨粉	3 ~ 4:17 ~ 24:0	骨粉为磷酸，可作提高花朵与蔬菜品质的基肥使用
鱼粉	8:5:1	鱼粉为氮肥，与油渣用法相同，氮元素具有速效性
草木灰	0:3:7 ~ 8（速效性）	草木灰为钾肥，碱性较强，可调整酸碱度，不宜与化肥混用

钾（K）等元素的比例，可在计算用量后正确施肥。缓性肥可作基肥使用，速效肥可作追肥使用。使用高浓度化肥时注意不要烧坏花根。

施加基肥时，可将肥料与土坑中的花土或移栽用土搅拌在一起。施加追肥时，须认真阅读说明书，确认肥料是可以直接使用还是需要把粉末状或液态肥稀释后才能使用。过浓的肥料对植物生长有害无益。每周可为植物施加 1 次稀释 500 倍的化肥，或施加 2 次稀释 1000 倍的化肥代替浇水，这样施肥不会烧伤花根。长效化肥能让植物生长得更加健壮。

●施肥须知

可以为处于生长期长势旺盛的植物多多施肥，对处于休眠期的植物则不可施加太多肥料。在根须长势较好时，可在根须附近施肥，这样有助于根须生长。

只给植物施加追肥而不为之准备基肥会影响植物长势。不过，若植物不具备较强的吸收养分的能力，则其长势也不会很好。

用含有氮元素的堆肥改良土质时，反复耕种的土地氮肥含量相对较高。因此，栽种在这样的土地中的植物会出现枝叶徒长、叶色过浓等问题。

●浇水小常识

雨水或土壤含带的水分并不足以维系花园中各种植物的生长。盆栽花更容易缺水。如果根须不能充分吸水，植物就不能进行光合作用，不能生成碳水化合物，最终会停止生长。浇水的根本目的就是为植株补充水分。

此外，水还能促进微生物分解有机物，让根须呼吸到土壤中的新鲜空气。新鲜空气可以有效预防植物烂根。

综上，浇水的基本要领可总结为下列两条：

1．应在花土没有干透时给植物浇水。

2．浇水是为了打通空气通道，保证根须呼吸。

给刚栽种好的花苗浇水时，要让喷头向上反向浇水。这样能减缓水对花苗的冲击。

给扎根稳牢的植物浇水时，可让喷头向下正向浇水，让水浸润干燥的土地。

●庭栽植物的浇水要领

你可以在庭院中种树、修筑花园、铺设草坪。不同位置的住宅和围墙形成阴影的时间不同，一年四季日照的时长也不同。要根据植物的种类、日照情况、通风性、土壤干燥度等条件来给植物浇水。

·树木基本无需浇水

如果不是久旱无雨，就不必给根须深埋在地下的树木浇水。而根须较浅的树木则需根据其叶片状态判断是否应为之浇水。栽种果树苗后，为防止树根干燥，应用稻草盖住树根。可在必要时为果实较大的梨树、无花果树补充水分。

·浇水时应避开花朵、不要溅起泥水

花朵接连绽放的矮牵牛最怕缺水。一旦缺水，矮牵牛就不会开花。但若把水浇到矮牵牛的花瓣上，花期就会缩短，植株也有感染病菌的可能。因水势过猛而溅起的泥水会成为致使植株生病的根源。泥水溅到植株的茎、叶上也会让植株染病。浇水不当是植物的“百病之源”。因此，浇水时不要溅起泥水，不要淋湿花朵。

·不要冲走花土

若将喷壶的喷头朝上给植物浇水，则喷洒出来的水流会比较轻柔均匀。不过，这样浇水只能淋湿花土表面，不能给土壤注入大量的空气。若叶片较大，则其下方的土壤也无法吸水。若用水势猛烈的胶皮管给植物浇水，就会溅起泥污冲散花土。

可用喷壶给花园浇水，用接有喷头的胶皮管给栽种面积较广的植物浇水。如果叶片较为密集，则可拨开叶片灌溉土地。给花苗浇水要控制水势，否则会冲倒花苗。可用手指控制水势和方向。

花土较少的盆栽花比庭栽花更容易遇到缺水、排水性差、透气性差等问题。为了通过浇水给土壤输送新鲜空气，让土壤饱含水分，就一定要把握好浇水的时机。

长时间泡在托盘的积水中也会导致植物烂根。但如果你出差在外，也可以用这种方法给植物补充水分。

·浇水的时机

花盆的材质、花土的种类和多少、植物的品种和栽种密度、花盆所在位置的干燥度都会影响盆内土壤的干湿度。由于花盆盆土的干燥程度是不同的，这就导致了浇水“无矩可循”。同样的浇水方法不能满足所有盆栽植物的需水量。

可以在发现花土表层干燥、花盆变轻、叶片打蔫等状况时给盆栽花浇水。不要等花土完全干透了再浇水，这样不利于盆内环境的恢复。应在土壤缺水且能有空气渗入的情况下给植物浇水。

吊篮不在地面，花土质地较轻，比其他盆栽更容易缺水。又因为吊篮悬挂不便观察土壤干湿情况，因此需格外注意。

·水空间的意义

盆栽花的花土一般只能添加到距离花盆边缘还有 2cm 高的位置。这 2cm 的空间就是“水空间”。给盆栽花浇水应将水注满水空间，这是浇水的另一个要领。

给盆栽花浇水时水势不要过猛，否则也会让泥污弄脏花叶。应在控制好水势的前提下将水空间注满，直到水从盆底的排水孔流出来为止。如果水没有从排水孔流出，则证明盆内土壤缺乏输送空气的通道，应更换新土。在换土之前可在不伤害花根的前提下轻轻松动盆土，给盆土制造空气通道。

·轻松简单的浇水方法

有些植物喜欢在潮湿的花土中生长，有些植物喜欢在干燥的沙土中生长。在盆土干湿度相同的状态下，有些植物会打蔫，有些植物却风采依旧。盆栽花较少时还可以依次检查土壤干湿度，若盆栽数过多或花盆较大就无法一一确认了。

为了方便管理，可以将性质相似的植物栽种在一起。

土壤干燥较快的盆栽需要频繁浇水。不要将之摆放在通风顺畅、日照过好的位置。可将之摆放在树下等阴凉处养护，或将同类盆栽摆在一处统一管理。

若室内过于干燥，可用喷雾器给叶片喷水。可将观叶植物搬到浴室用花洒为之除尘。淋浴式除尘能将叶片上的尘埃冲洗得干干净净。

用树皮或砂砾覆盖盆土不仅能增强盆栽的美观度，还能保护花根，防止泥土溅到花叶上。

●播种育苗法及扦插育苗法的浇水要领

为了让种子发芽、扦插苗生根，应使种子、插穗切口与土壤紧密地融为一体。为此，应多多浇水，使花土保持湿润。

可将花盆浸泡在盛水容器中，让水从盆底排水孔浸润花土。这种方法叫“盆底供水法”。应给容器在水干之前及时蓄水。这种供水法不同于喷壶浇灌，不会把细小的花种冲跑。

如果你出差在外，也可以用这种方法给植物补充水分。

病害防治

●预防病害的必要性

在庭院或花园栽种花草树木时，首先要考虑病害防治问题。

不过，预防病害并不是让你在庭院中洒满药剂。除了蔬菜和果树，大部分的花草树木即便被害虫侵食些许叶片和花朵也无伤大雅。

发现病害就要尽早采取措施，否则会影响植物生长。而且及早处理也会有效控制住病害的势头。若是等病害严重时再着手救治，不仅要耗费大量的药剂，有时还会因为抢救无效而不得不放弃整棵植株。

总之，预防大于治疗。我们在平时就要加强对植物的管理，发现问题应及早处理。

●防治病害的方法

植物的病因大体可分为下列三点，需根据病因选择防治措施。

· 病毒病

1．特征

植物一旦感染病毒病、马赛克病，叶片就会生出马赛克般的病斑，随即枯萎打蔫。病毒可在某种植物间传播，也可在多种植物间传播，但不会传染给人类。蚜虫、蓟马、粉虱都是病毒病的传播者。病毒病还会以土壤感染、汁液感染（修剪枝条时流出的汁液会通过剪刀和手沾染到其他枝叶上）、种子感染等方式进行传播。

2．预防方法

除了消灭蚜虫，还要防治其他媒介害虫，及时清洗修剪枝条时作业工具。应仔细检查种子和球根，

喷洒药剂时不要把皮肤暴露在空气中。

丢弃生有不自然的凹陷处、色泽怪异、外表有损伤的种子和球根。一旦植物感染病毒，就要将之连根拔起、用火烧化。修剪枝条后应认真清洗剪刀等修剪工具。

病毒的类型难以确定，其传播途径和是否会传染给其他植物也无从而知。因此，切断其所有的传播途径是非常必要的。目前，人们还没有研制出能够有效预防病毒的药。一旦发现问题，应尽快处理，防止病毒扩散。

· 细菌病

1．特征

月季的根头肿瘤病、庭树和草本花卉的斑点细菌病、蔬菜的软腐病、青枯病都属于植物细菌病。

当气温超过 30℃时，滋生的细菌会使植物感染疾病。生有黄晕的病斑显得十分扎眼。切口处混浊的粘液和恶臭的气味也是植物患有细菌病的表现。

叶片和根须上的细菌并不会引发感染。被风吹得互相摩擦的树叶一旦划出伤痕、或树叶被害虫蚕食出现伤口，这样的部位会使细菌入侵到植物体内。细菌会附着在地下根、茎以及树木的冬芽、球根上过冬，春季气温升高后便会复苏。

2．预防方法

土壤中的细菌会随着溅起的泥水、雨水渗入植物较为薄弱的部位侵害植物健康。应准备清洁的花土，将植物牢固地栽种在花土中。浇水时不要让泥土溅湿叶片。

密集栽种会损害叶片，憋闷的生长环境容易滋生细菌。应使株距保持在叶片不会交错重叠的距离。

应购买健康的花种、球根和树苗，并为之消毒。防患于未然比亡羊补牢更有意义。

· 霉菌病

1. 特征

植物的大多数疾病都是由丝状真菌引起的。霉菌种类繁多，有些霉菌能让不同种类的植物感染疾病。霉菌会引发多种疾病，病斑与周边叶片相比很是显眼。病情严重时，叶片的正反两面都会生有霉斑。适度的气温、潮湿的环境会使四散而飞的孢子把病菌传染给其他植物。温度与湿度是滋生病菌的必要条件。

2. 预防方法

可用下列方法抑菌除霉。保持株距，为植物创造通风顺畅、干爽清凉的生长环境。很多根茎都是在地下过冬的，要提高土壤的排水性，及时清理掉枯萎的花卉和残留的野草。可定期把药剂喷洒在草本花卉容易滋生霉菌的部位，以便提升防病效果。白粉病、炭疽病、灰霉病具有较强的抗药性，只喷洒一种药剂似乎还不能起到防治效果。可轮番喷洒多种药剂进行防治。

●防治害虫的方法

对付害虫最基本的方法就是发现之后立即捕杀。害虫每年会产卵数次，因此虫害会不断复发。除虫应做好打“持久战”的心理准备。很多植物的根、茎都是在地下过冬的。应在栽培期结束后除去残渣，在冬季翻晒花土，冻死土中的虫卵。

*蚜虫、蓟马　蚜虫具有较强的适应环境能力，并会常年活动。蓟马会在春夏两季反复出现。这两种害虫数量极多，如不能将之斩尽杀绝就会有虫害复发的可能。严重时甚至会伤及其他植物。

防虫网虽然可以有效阻止害虫在蔬菜上产卵，却不能为花卉驱虫。可以给草本花卉播撒颗粒状药剂驱虫防害。一旦发现害虫就要将之立即捕杀，（蓟马是无法看到的，可以清除受害的叶片和植株）之后喷洒驱虫剂。为了根除虫卵，可轮番喷洒多种药剂进行防治。

*叶螨类　红蜘蛛是生在叶片上的小点点。瘿螨、跗线螨是无法用肉眼看到的。上述害虫会让花朵顿失风采、让叶片一反常态。

来回移动的害虫繁殖力超强，很快就会对植株造成大面积伤害。若发现叶片生有虫斑，就要预想到虫害有变本加厉的可能。因此，只有大面积喷洒虫药才能起到驱虫的效果。叶螨并不是昆虫，而是一种蜘蛛。驱虫时应选用专用药剂才能做到有效除虫。

*蛾与蝶的幼虫　蛾与蝶的幼虫是指青虫与毛虫。此类昆虫集体孵化，并会大批量扩散侵食植株。应趁“虫卵集团”未成气候时，将之一网打尽。可在昆虫的产卵期（春季到秋季）检查叶片背后是否生有虫卵。若在夜间发现飞蛾，应将之寄生的叶、枝一并剪除。

毛虫身上长有毒针毛，捕杀时应多加小心。

●杀虫药剂

现在，花市上出售的药剂都贴有明确的标签，可按标签上的说明喷药驱虫。通过农林水产认证的药剂对人和环境没有危害，可以放心使用。

· 病虫害名称与植物名称相符

一定要购买写有“植物名”和“适用病害名”的药剂。

乳剂、液剂既可以直接喷涂，也可以在稀释后喷洒。栽培量较少时，可用喷雾剂、气雾剂喷洒防病。

· 没有药剂时的对策

花市上出售的很多药剂对植物名和适用病害名的记录不甚详细，有的只写了“树木用药”“观花植物•观叶植物用药”。这样的药剂也可以放心使用。月季不适用树木类药剂，应选择观花植物用药为之喷洒防病。

其他植物一览表

此章为你简单介绍前文没有提到的植物。

一~二年生草本植物

植物名 花色	别名	科名·分类	株高	花期	播种期
	特征、栽培要领				
麦仙翁	麦毒草	石竹科 秋播一年生草本植物	60~90cm	5~6月	9~10月
桃	此花叶细如线，桃红色的花瓣生有竖纹，以自播法繁育新株，生命力顽强，春季播种夏季开花				
牛舌草	蝎子草	紫草科 秋播一年生草本植物/多年生草本植物	20~150cm	4月中旬至6月中旬	10月
青	此花不可移栽，可将之栽种在排水性良好的沃土中，花谢后剪掉残枝，此花便会再次开放				
蜂室花	屈曲花	十字花科 秋播一年生草本植物/多年生草本植物	15~50cm	3月中旬至5月中旬	9月中旬至10月中旬
红、紫、桃红、白	此花有一年生草本植物伞形屈曲花和宿根植物常青屈曲花等品种，花色以白色为主。不要栽种在高温潮湿的环境中，施肥不可过量				
桂竹香	香紫罗兰、黄紫罗兰	十字花科 秋播一年生草本植物/多年生草本植物	30~80cm	4~5月	9月上旬
红、黄、橙	美丽丛生的花朵带有香气。此花不耐热，因而被划归为一年生草本植物。株高20cm的矮性种很有人气。冬季应严防霜冻				
一点红	羊蹄草	菊科 春播一年生草本植物	50~60cm	5~9月	4月
红、橙、黄	纤细花茎的顶端生有蓬松小巧的球状小花。春季，可将直根性的一点红适当扩大株距进行定栽。此花能够开放至秋季				
荷包花	蒲包花	玄参科 秋播一年生草本植物	15~40cm	3~5月	9~10月
红、橙	盆栽花的花瓣柔软可爱。此花很难在日本过冬越夏，因此被划归为一年生草本植物。花种较小，播种后无需覆土				
吉利花	介代花	花葱科 秋播一年生草本植物	50~90cm	4~6月	9~10月
青、紫、白	挺拔的花茎上生有球状花朵，每颗植株生有8只花茎，可将之直接栽种到排水性良好的土壤中。株距以25cm为宜				
古代稀	送春花	柳叶菜科 秋播一年生草本植物/多年生草本植物	20~80cm	5~6月	9月中旬至10月
红、桃红、橙、白	此花有4瓣的单瓣品种和重瓣品种。其高性种是做切花的好素材。此花为直根性，可直接栽种在沙土中。冬季需严防霜冻				
蛇目菊	小波斯菊、金钱菊	菊科 春播一年生草本植物/宿根植物	20cm	6~10月	4~5月
黄	此花的花藤上生有众多形同向日葵般的小花。可将之以20cm的株距栽种在土壤中。此花在秋季也能开花				
蛾蝶花	蝴蝶草、平民兰	茄科 秋播一年生草本植物	20~30cm	3~5月	10月上旬至中旬
红、桃红、紫、白	此花结花多，花瓣边缘生有裂痕，看起来很有质感。此花以F1品种为主，适合栽种在清凉干爽的环境中				
倒提壶	蓝布裙	紫草科 春播·秋播一年生草本植物	50~100cm	5~6月	4月、9月
青、桃红、白	株高不足1cm的小花零星绽放，给人一种内敛含蓄的感觉。此花较为耐寒，可通过摘心促进枝叶生长				
蝇子草	白花蝇子草、西欧蝇子草	石竹科 秋播一年生草本植物	10~60cm	4~6月	9月中旬至下旬
红、桃红、白	花期绽放半球形花朵，花谢后，蝇子草会生出很多枝杈。此花还有匍匐性品种和矮性品种				
补血草	海赤芍、匙叶草	白花丹科 秋播一年生草本植物/多年生草本植物	30~100cm	6~10月	9~10月
红、青、紫、桃红、黄、白	其花可以制作干花，为一年生草本植物。此花为直根性植物，移栽要及早进行				
翼叶山牵牛	黑眼苏珊	爵床科 春播一年生草本植物	100~150cm	6~9月中旬	4月下旬至5月
黄、橙、白	此花为黄花黑心。除了藤蔓品种外还有青花黄心的丛生品种。此花是生长在热带的植物，应在5月栽种花苗				
天人菊	虎皮菊、老虎皮菊	菊科 春播一年生草本植物/宿根植物	30~90cm	6~10月中旬	4~5月
红、黄、复色	此花花心为紫色，花瓣为红黄等复色，可分为单瓣品种和重瓣品种。此花生命力顽强，具有较强的耐寒性，以自播方式繁育新株				
三色苋	雁来红、雁来黄	苋科 春播一年生草本植物	80~150cm	8~10月	4月中旬至5月
红、桃红、黄、紫（叶色）	降温后此花叶片会变得十分艳丽，为观叶植物。此花不喜移栽，可在5月移栽加仑盆苗				
小麦秆菊	玫红永生菊	菊科 秋播一年生草本植物	30~60cm	5~6月	9月中旬至10月上旬
桃红、白	繁多的枝杈上开满了花朵。春季可将之以10~15cm的株距进行栽种，秋季可以播撒花种，花苗可在屋檐下过冬				
芸苔	芸苔	十字花科 秋播一年生草本植物	60~80cm	3~5月	9~10月
黄	此花为观赏用油菜花，花朵较大。5cm的株距最有利于植株生长，不喜移栽				
波斯菊	大波斯菊	菊科 春播·秋播一年生草本植物	30~80cm	4~10月	3月下旬至5月上旬、9月中旬至10月中旬
黄、红	黄色花瓣中的红褐色花心很是醒目。此花生命力强，为自播繁育。叶片为莲座状，花朵硕大的品种是能够过冬的				
须苞石竹	美国石竹、五彩石竹	石竹科 秋播一年生草本植物	15~50cm	4~6月	9月上旬至中旬
红、桃红、白	茎端生有半球状丛生小花。四季开花品种，花谢后可修剪植株				
鬼针草	鬼钗草、粘连子	菊科 一年生草本植物	30~90cm	6~10月	3~6月（移栽）
黄、白	此花生命力顽强，能在向阳处依次绽放。此花有若干品种，花期可延续到晚秋时节。过冬后的植株便会生得十分高大				
倒地铃	风船葛、灯笼花	无患子科 春播一年生草本植物	2~3cm	7~9月	4~5月
白	此花的花朵虽然平凡无奇，其生有白色心印的种子和灯笼般的果实却非常独特。春季可将采摘的花种播种在花土中				
珊瑚豆	冬珊瑚、玉珊瑚	茄科 半耐寒性常绿灌木 春播一年生草本植物	15~25cm	7~10月（结果）	4月下旬
橙、黄、红（果实）	白色小花凋谢后，色彩斑斓的果实会将秋冬两季装点得生机勃勃。此花不耐寒，会出现木质化现象				

植物名 花色	别名	科名·分类	株高	花期	播种期
	特征、栽培要领				
布洛华丽 紫、青、白	蓝英花	茄科 春播一年生草本植物	25~60cm	6~10月	4月中旬至下旬
	花冠直径3~4cm的花朵看起来十分清爽。夏季将之栽种在半日阴处便可延长花期。此花不耐寒，被划归为一年生草本植物				
拟金盏菊 橙	金盏花	菊科 秋播一年生草本植物	60~90cm	4~5月	8月下旬至9月中旬
	此花株高8cm，花朵会在夜晚、阴天闭合，白昼、晴天开放。此花不喜移栽，应安置在屋檐下过冬，春季再做定栽				
猴面花 红、橙、黄、紫	锦花沟酸浆、沟酸浆	玄参科 秋播一年生草本植物	10~30cm	4月中旬~9月中旬	10~11月中旬
	此花适合在阴潮处生长，花朵会在夏季顺次绽放散发清香。此花的园艺品种喜光向阳				
蜡菊 红、桃红、橙、黄、白	麦秆菊、贝细工	菊科 春播·秋播一年生草本植物	40~90cm	5~9月	4月、9月下旬至10月上旬
	此花花瓣光泽艳丽，可作切花、干花素材。栽种时株距以30cm为宜。数年无需打理				
贝壳花 白	领圈花	唇形科 春播一年生草本植物	60~80cm	7~8月	4月下旬至5月上旬
	此花散发着薄荷般的清香。形如绿色花朵般的部位其实是花萼，真正的花朵非常小巧。播种在沙土两周后即可发芽				
矢车菊 红、桃红、紫、青、白	蓝芙蓉、翠兰	菊科 秋播一年生草本植物	30~90cm	4~6月	9月
	此花有花冠直径达10cm的大花型品种和矮性种。早春种年末就会开花。花土应具备较好的排水性和保水性。需严防霜冻与寒风				
夕雾 青、桃红、白	疗喉草、喉管花	桔梗科 秋播一年生草本植物	30~100cm	6~8月	9~10月
	此花种子和花朵都很小，形似小一号的绣球花。摘心会使植株生得更加繁茂，摘除花梗能够延长花期				
飞燕草 红、青、紫、桃红、白	千鸟花、鸽子花	毛茛科 秋播一年生草本植物	60~120cm	5~6月	10月上旬至中旬
	此花形似小一号的翠雀，可将之栽种在弱碱性的土壤中，株距以15cm为宜。摘心能够控制株高				
花葵 桃红、白	花葵	锦葵科 春播一年生草本植物	40~100cm	7~9月	4月上旬至中旬
	此花生有红色花心，园艺品种以多年生草本植物为主。如能栽种在排水性好的土壤中且保持一定株距，此花便会生得枝繁叶茂				
银扇草 紫	金钱花、大金币草	十字花科 耐寒性二年生草本植物	60~100cm	4月下旬至5月	4~5月
	此花生有紫红色花朵和金币形果实，是制作干花的好素材。宜在沃土中生长，历经风霜后才会开花				
大阿米芹 白	大亚蜜	伞形科 春播·秋播一年生草本植物	50~150cm	4~7月	3月、9月下旬至10月下旬
	球状开放的花朵形如满天星。此花为直根性植物，自播繁育。栽种时要保持株距。此花不耐热				
鳞托菊 红、黄、白	大羽冠毛菊	菊科 秋播一年生草本植物	30~50cm	5~7月	9月中旬至10月上旬
	纤细的茎端生有花冠直径为4cm的花朵。花种生有绒毛，用沙子搓掉外皮后可采集花种。花种出芽率较低，可多散种				

宿根植物（包括部分木本植物）

植物名 花色	别名	科名、分类	株高（树高）	花期	栽种期
	特征、栽培要领				
洋蓟 紫	朝鲜蓟、菜蓟	菊科 耐寒性多年生草本植物	150~200cm	6月	9月
	裂痕较深的蓟状花朵很是醒目。花苞可以食用。花谢后生成的子株可以繁育新株				
红桑 红、桃红、白	铁苋菜	大戟科 常绿灌木	20~50cm	6~9月	5月中旬至6月中旬
	此花有很多花穗颜色各异、株高不等的品种。在吊盆中养护时不可缺水。秋季可做修剪，冬季应置于室内养护				
虾膜花 紫	蛤蟆花	爵床科 耐寒性多年生草本植物	30~120cm	5~6月	3~4月、10月
	此花较为高大，适合栽种在西式庭院中。此花具有较强的耐寒性，不可使之被夕阳余晖灼伤。日照充足是结花多的保证				
杜鹃花 红、桃红、黄、橙、紫、白、复色	皋月杜鹃	杜鹃花科 半耐寒性常绿小灌木	30~50cm	4~5月	4~5月
	此花为杜鹃花的改良品种，冬季可栽种在花盆中置于室内观赏。养护时不可缺水。勤摘花梗可以延长观赏期				
苘麻 红、黄、橙、桃红、白	青麻	锦葵科 半耐寒性亚灌木状草本	2~2.5m	6~10月	3月下旬至4月上旬
	适合在温暖地区种植，需光照充足且土壤干燥。除了红色、黄色的泡果苘，这种热带植物可作盆栽花养护				
香雪球 桃红、黄	庭芥、小白花	十字花科 常绿多年生草本植物	10~30cm	4~5月	9~10月
	纷繁枝杈上生长的小花楚楚可人。此花较为耐寒，性畏潮湿。可于春季将之栽种在沙土中				
羽衣草 黄	珍珠草、斗蓬草	蔷薇科 耐寒性多年生草本植物	40~50cm	6~7月	3月、10~11月
	莲座状的叶片很适合作为地被栽种。此花花朵较小，可栽种在半日阴处。养护时不可缺水。此花是芳香植物的异种				
海石竹 桃红、红、白	荷兰草	白花丹科 耐寒性多年生草本植物	8~30cm	3~4月	3月、10月
	直立的花茎顶端生有球状小花。此花不喜高温潮湿的生长环境，具有较强的耐寒性和耐旱性。每两年可为此花做一次分株处理				
花烛 红、桃红、橙、白	红掌	天南星科 非耐寒性多年生草本植物	40~120cm	5~10月	5~9月
	从富有光泽的佛焰苞中挺立而出的才是此花的花朵。可将盆栽花于冬季置于室内养护，可在根须过密前进行分株				
银莲花 白	毛蕊茛莲花	毛茛科 多年生草本植物	10~30cm	3月下旬至5月	9~10月
	银白色花瓣中的黄色花蕊非常醒目。每茎花开两朵。花谢后地上部分干枯后即可覆盖起来				
紫松果菊 紫、桃红、白	紫锥菊	菊科 耐寒性多年生草本植物	60~100cm	5~8月	3月、10月
	此花生有筒状花心和舌形下垂花瓣。可将此花直接栽种或定栽于沃土上。用分株法繁育新株				

植物名 花色	别名	科名、分类	株高（树高）	花期	栽种期
	特征、栽培要领				
飞蓬	野葵花	菊科 耐寒性多年生草本植物	20～100cm	5～6月	3～4月、10月
橙、紫、桃红、黄、白	此花生命力顽强，很像大一号的春飞蓬，白色的花朵会渐变为粉色。生长在高山上的品种不喜高温潮湿的环境				
蓝星花		旋花科 半蔓性多年生草本植物	30～60cm	全年	4～5月（播种）
青	清晨开花，黄昏花落。此花不喜潮湿，不耐寒冷，可在气温高于13℃的环境中持续绽放				
不凋草	万年青	假叶树科 非耐寒性常绿多年生草本植物	20～50cm	5～6月	3月下旬至4月上旬、9月下旬至10月上旬
红（果实）	花期时不可使花朵淋雨，果实具有观赏价值。可栽种在半日阴处的沙土中养护。可用分株法繁育新株				
新风轮		唇形科 耐寒性多年生草本植物	30～45cm	5～9月	3～4月
白、桃红、紫	此花在夏秋两季会绽放小巧的花朵，茎叶会散发薄荷般的香气。此花还有叶生斑纹的品种。若栽种在向阳处，并准备排水性良好的花土，此花便能安然过冬				
袋鼠爪	袋鼠花	血皮草科 半耐寒性多年生草本植物	60～150cm	4～7月	9～10月（播种）
红、绿、橙、黄	生有绒毛的花朵形似袋鼠脚掌，因而被命名为袋鼠爪。此花耐旱，却不耐热不耐寒，适合作盆栽花养护				
紫菀	紫倩	菊科 宿根植物	60~150cm	9~10月	3月中旬至4月中旬
桃红、紫、青、白	此花形似友禅菊，有单瓣品种和重瓣品种。可在梅雨季节前修剪植株。叶片枯萎后可将地上部分齐根剪除。每3年可为植株做一次分株				
铺地百里香	麝香草	唇形科 常绿小灌木	10～15cm	6月下旬至7月	5～6月
紫	此花匍匐生长，可以食用。如作地被栽种，则此花会散发出怡人的香气。定栽时株距应设为20～50cm				
欧报春		报春花科 耐寒性多年生草本植物	30～50cm	5～6月	5～6月（播种）
桃红、白	此花为日本野生报春花，有一定的耐阴性。此花不耐寒，盆栽花不可缺水。可用埋茎法繁育新株				
十字爵床	鸟尾花	爵床科 常绿小灌木	15～80cm	6～10月	4月下旬至5月中旬（播种）
橙、红、黄、白	花穗上橙色的花朵会依次绽放，花期较长。此花在25℃的环境中才能发芽，能够在高温潮湿的环境中生长。冬季气温高于8℃，此花便能存活				
君子兰	大花君子兰、大叶石蒜	石蒜科 半耐寒性多年生草本植物	20～80cm	3～4月	5～6月中旬、10月上旬至中旬
赤、黄、橙	此花包括叶片生有斑纹的诸多品种。生有6～7枚叶片的君子兰在历寒之后花茎会长长，会绽放美丽的花朵。此花喜水喜肥，夏季应置于半日阴处养护				
荷包牡丹	荷包花、蒲包花	罂粟科 宿根植物	60～80cm	4～6月	3～4月、10～11月
桃红、白	下垂的花茎生有心形小花。此花不耐夏季高温，冬季地上部分就会枯萎。持续浇水可让植株在春季萌生新芽				
鲸鱼花		苦苣苔科 常绿蔓生木本植物	50cm～	3～5月	5～6月
红、黄、橙	下垂的枝条生有众多筒状小花。此花还有丛生品种。气温降低时可移入室内养护				
三色旋花	三色朝颜	旋花科 多年生/一年生草本植物	15～90cm	5月中旬至9月	3月中旬至5月（栽种）
紫、青、红、白	结花多、匍匐生长的三色旋花能够长成一片绿色的绒毯。此花夏季长势旺盛，冬季可作盆栽花养护				
仙丹花	山丹花、龙船花	茜草科 非耐寒性常绿灌木	20～100cm	5～9月	5～8月
红、桃红、黄、橙、白	十字形小花呈半球状生长。不要让夏季骄阳灼伤此花光鲜的叶片。光照不足会影响开花				
西达葵		锦葵科 耐寒性多年生草本植物	60～100cm	6～7月	10～11月
红、桃红、白	丛生的花茎上开有硕大的浅色花朵。覆盖或遮光可以让此花顺利越夏				
大滨菊	西洋滨菊	菊科 宿根植物	60～90cm	5月中旬至6月中旬	9～10月中旬（播种）
白	白色花朵十分美丽，可分为矮性种、重瓣品种和大花型品种。此花生命力强，但不宜错过栽种期，否则会影响根须生长				
茉莉花	茉莉	木犀科 半耐寒性常绿攀援灌木	2～3m	3～5月	3月中旬至4月中旬、9月
白	芬芳浓郁的是茉莉花，花藤长、结花多的是羽衣茉莉。不要对此花做大幅度修剪				
白及	紫兰、朱兰	兰科 宿根植物	30～60cm	5月	3月、11月上旬
红、桃红、白	充足的阳光和潮湿的花土是此花年年绽放的保证。在气候寒冷地区的冬季可将此花挖出来过冬				
黄芩	山茶根	唇形科 非耐寒性多年生草本植物	15～30cm	6～10月	4～5月
红、桃红、紫、白	栽种在向阳处的此花可从春末到秋季一直开放筒状花朵。冬季为使之免遭霜打，可将之栽种在花盆中置于室内养护				
琉璃菊	美国蓝菊	菊科 耐寒性多年生草本植物	40～50cm	6～10月	3月、9月
紫、青、桃红、白、黄	此花紫色的花朵可将夏秋花园装点得十分美丽。此花花色丰富，具有较强的耐热性和耐寒性，能够在干燥的环境中生长。三年以上植株可进行分株繁育				
苦苣苔	旋果苣	苦苣苔科 非耐寒性多年生草本植物	10～20cm	5～10月	9～10月（播种）
紫、青、桃红、白	此花花色、花形十分丰富。夏季可在半日阴处养护，冬季应在温暖的室内养护。可按照养护非洲堇的方式进行培育				
虎耳草	石荷叶	虎耳草科 宿根植物	30～50cm	9～11月	3～4月
红、桃红、黄、白、绿	大字型花朵很容易辨认。此花生于半日阴的湿地，拥有众多变种。夏季应栽种在阴凉处，春季可以移栽				
小叶韩信草	小叶变种、小叶耳挖草	唇形科 宿根植物	20～40cm	4～5月	5月、9～10月
桃红、紫、白	此花为黄岑的自生品种。夏季可在树荫下生长得十分茂盛。此花根须旺盛，每年都可移栽。				
紫花凤梨	铁兰	凤梨科 非耐寒性常绿多年生草本植物	5～100cm	4～9月	5～6月、9月下旬至10月上旬
红、桃红、紫	铁兰的花朵生有覆有绒毛的多肉质叶片上。此花用根部支撑植株。生长需要湿度，叶片不能缺水				
月见草	待霄草	柳叶菜科 耐寒性多年生草本植物	30～40cm	5～7月	3～10月
桃红、白	白昼开花的月见草结花较多。栽种株距可设为30cm。此花可自然生长数年无需打理。当茎叶过于繁茂时，可做分株处理				

植物名 花色	别名	科名、分类	株高（树高）	花期	栽种期
	特征、栽培要领				
莲蓬草	大吴风草、橐吾	菊科 耐寒性多年生草本植物	10～100cm	10～12月	3～4月中旬、9月下旬至10月
黄	此花无论在向阳处还是背阴处均能散发清香。此花长势旺盛，易于养护。不要让阳光灼伤生有斑纹的叶片				
双距花		玄参科 耐寒性多年生草本植物	15～60cm	5～11月	4～5月（播种）
橙、桃红、白	此花结花多，花茎挺拔葱郁。耐阴耐寒，花期较长，是用途广泛的草本花卉				
金叶假连翘	黄金叶	马鞭草科 常绿灌木	10～30cm	5～10月	5～6月
紫、白	房状花朵、气息香甜的金叶假连翘颇有人气。经矮化处理的品种适合栽种在霜降地区				
火把莲	红火棒、火炬花	百合科 耐寒性多年生草本植物	60～150cm	6～10月	3月
红、黄、白	大型种的红色花苞开放后会变成黄色花朵。花穗的颜色变化十分有趣。此花较为耐寒，每3～4年可进行一次分株				
绶草		兰科 宿根植物	10～50cm	5月下旬至7月	3～4月上旬、9～10月
桃红、白	此花花朵形似兰花，只有在带有必要细菌的草坪上才能生长发芽。此花生命力顽强，可在日照充足处养护				
角茎野牡丹	紫花野牡丹、艳紫野牡丹	叶牡丹科 半耐寒性常绿灌木	1～3m	5～10月	4～6月
紫、白、桃红	除了大花型的紫花叶牡丹，此花还有很多品种。可于秋季进行修剪，冬季时应置于室内养护，春季时再进行移栽				
紫哈登柏豆	紫一叶豆	豆科 半耐寒性常绿藤蔓植物	2～3m	3～5月上旬	4月下旬至5月上旬
青、紫、白、桃红	此花形似小号紫藤，有盆栽品种。此花不喜夏季的燥热潮湿，花谢后要及时修剪。冬季应放置在不上冻的位置养护				
扶桑	佛槿	锦葵科 非耐寒性常绿灌木	50～400cm	5～10月	3月中旬至6月
红、桃红、黄、橙、白	最好能让此花接受阳光直射，夏季要为之避暑降温。大花型品种可用嫁接法繁育新株				
花菖蒲	玉蝉花	鸢尾科 耐寒性多年生草本植物	80～120cm	5～6月	6～7月上旬
紫、白、桃红、黄	此花经过不断改良，现在有很多色彩艳丽、花形繁复的大花型品种。此花本为湿地生长的植物，但在粘质土中也能生存				
三白草	塘边藕	三白草科 耐寒性多年生草本植物	50～100cm	6月下旬～8月	3月中旬至6月
白	此花花穗较小，下方生有几枚醒目的白色叶片。此花气如蕺菜。原为湿地生植物的三白草也能在水钵中生长				
射干	乌扇、乌蒲	鸢尾科 耐寒性多年生草本植物	60～100cm	7～8月	3月、10月下旬至11月上旬
红、橙、黄	此花花瓣生有浓重的斑点，自生种具有耐寒性，易于养护。生长2～3年的植株可以分株				
短柄岩白菜		虎耳草科 耐寒性多年生草本植物	10～60cm	2～5月	4～5月（播种）
黄	此花叶厚茎粗十分耐寒。可将之栽种在石山水等排水性好的土壤中。栽种位置以半日阴的凉爽处为宜				
头花蓼		蓼科 耐寒性多年生草本植物	8～15cm	6～9月	3～4月
桃红	此花生命力强、繁育力强，可作地被栽种。霜打会使植株枯萎，但春季时植株会再次复苏。此花在秋季会开放球状花朵				
蜂斗菜	蛇头草、水钟流头	菊科 耐寒性多年生草本植物	30～60cm	2~5月（观赏期）	8月下旬至9月
白	雪融时落叶下方会萌生新芽、挺立花茎、开放花朵。此花可地栽于半日阴处。冬季要覆盖植株为之保暖				
倒挂金钟	灯笼花、吊钟海棠	柳叶菜科 常绿灌木	20～300cm	5月中旬至7月中旬、9月中旬至11月中旬	4月中旬至6月中旬
红、桃红、橙、白、紫、青	此花的萼与花瓣颜色对比鲜明，变异的花形也十分美丽，品种极其丰富。喜肥的倒挂金钟多在气温凉爽的季节中生长，可作盆栽养护				
雪蕊乌头	地笋、泽兰	菊科 耐寒性多年生草本植物	50～100cm	8～10月	3月下旬至4月上旬（播种）
紫	小巧簇生的花朵很是美丽。晒干的叶片可以包在樱饼里，为食品增添香气。此花自生于日照充足的湿地，长势较旺				
寒丁子	蟹眼	茜草科 常绿小灌木	30～50cm	5～6月、10月	5～6月
红、桃红	筒状花朵生有十字形花冠，花谢后可将枝叶剪短。夏季要为植株遮光，这样植株便能在秋季再次开花。冬季要移至室内养护				
紫扇花	蓝扇花	草海桐科 半耐寒性多年生草本植物	20～40cm	5～11月	4～5月
紫	此花匍匐生长，可作地被栽种，可通过摘心增加枝条和花朵。此花不耐寒霜，可用插芽法繁育新株				
天芥菜	苦龙胆草、天芥菜	紫草科 半耐寒性小灌木	30～60cm	4～9月	5～6月、9月
紫、青、白	此花多为大花型少香种和矮性种。香水草香气袭人。可用插芽法繁育新株				
虾衣花	虾夷花、虾衣草	爵床科 半耐寒性常绿小灌木	30～150cm	5～7月	4～5月、10～11月
红、黄	有色花苞包裹着白色的花朵。此花需在干爽环境中生长，可以为之持续施肥。夏季要为之遮阳，但日照不足会使花色减退				
一品红	猩猩木、圣诞花	大戟科 非耐寒性常绿灌木	0.1～10m	10月至次年1月	4月
红、桃红、橙、黄、紫、白（花苞）	此花的盆栽花在圣诞节前后开花。春季修剪枝叶后可置于室外向阳处养护。9月起可控制光照，使花色变浓				
酸浆	菇茑、挂金灯	茄科 耐寒性多年生草本植物	60～90cm	7～9月	3～4月
白	花谢后，植株会结生被花萼包裹起来的果实。枯萎的植株也需浇水。若发现椿象则应及时捕捉。茄科植物不可连作				
紫斑风铃草	灯笼花、吊钟花	桔梗科 耐寒性多年生草本植物	30～80cm	6～7月	3~4月上旬、9～10月
红、紫、白	此花花冠直径约4～5cm，生有吊钟形花朵。此花为自生种，可在日光充足处茁壮成长。地下茎会蔓延生长				
杜鹃花	杜鹃、映山红	杜鹃花科 耐寒性多年生草本植物	10～100cm	9～10月	3月
黄、紫、白	此花宜栽种在落叶树下，其花瓣生有斑纹。不喜高温燥热，夏季应养护在阴凉处，春季可用分株法进行繁育				
茉莉花	茉莉	木犀科 非耐寒性常绿藤蔓植物	30～200cm	6～7月	6～8月
白	此花可制作芳香的茉莉花茶。春至秋季要保证水肥充足。花谢后要剪掉花茎，将之养在室内过冬				

植物名 花色	别名	科名、分类	株高（树高）	花期	栽种期
	特征、栽培要领				
圆扇八宝	圆扇景天、金钱掌	景天科 耐寒性多年生草本植物	25~40cm	10月	4~5月
桃红	此花生有多肉质叶片和簇生半球状小花。其红色的叶片十分美丽。此花可在排水性良好的土壤中茁壮生长。可通过插芽法繁育新株				
光千屈菜		千屈菜科 耐寒性多年生草本植物	1m	7~9月	3月、10月下旬至11月上旬（播种）
紫、白	茎端的花朵生有些许褶皱，此花可在湿地生长。只要光照充足，此花便能生得很好				
宝盖草	阿螺菜、灯笼草	唇形科 非耐寒性常绿多年生草本植物	10~20cm	3~6月	4月、10月
桃红、紫、白	可通过催芽法繁育新株，此花适合作地被栽种。叶片生有斑纹的品种容易被太阳灼伤，应将之栽种在半日阴处，不要使其生长在闷潮的环境中				
蛇鞭菊	麒麟菊、马尾花	菊科 耐寒性多年生草本植物	90~150cm	6~9月	3月、10月（播种）
红、桃红、紫、白	除了常见的开花呈穗状的品种外还有刷子形、球形品种。此花具有较高的耐寒性，夏季养护时需将之覆盖起来				
滇丁香	藏丁香	茜草科 非耐寒性常绿小灌木	30~600cm	10~12月	3~4月
桃红	此花花朵芬芳，花期较长，养护时不可缺水。日照充足会使植株茁壮成长。夏季要为其遮光，冬季要养在室内，并为之创造干爽的生长环境				
蓝刺头	禹州漏芦、蓝星球	菊科 宿根植物	50~120cm	7~9月中旬	3月中旬至4月中旬、10月中旬至11月
紫	带刺的球状花给人一种清爽之感。此花不喜高温潮湿的环境，适合在低温环境中生长，应选择弱碱性土壤做花土。4~5年生植株可以分株栽种				
露薇花	琉维草	马齿苋科 耐寒性多年生草本植物	10cm	4~6月	3~4月（播种）
橙、桃红、白	此花是生长在山中的野花，不喜高温潮湿的环境，不耐低温。应选择沙土做花土，并需创造干爽的生长环境				
野草莓	森林草莓	蔷薇科 耐寒性多年生草本植物	20~30cm	4月下旬至6月、9月下旬至10月	3月下旬至4月上旬（播种）
白	此花花种喜光，在20℃的环境下才能发芽，发芽率较高。植株生根后可施以有机肥，可用催芽的子株进行繁育				

球根植物

植物名 花色	别名	科名、分类	株高	花期	栽种期
	特征、栽培要领				
长筒花	红花忌寒苣苔	苦苣苔科 春植球根植物	15~50cm	6~9月	4~5月
红、桃红、黄、紫、白	生有小球根的长筒花适合栽种在气候温和的背阴处。此花既不耐热也不耐寒，可作盆栽花养护。摘心会使植株生得更加茂盛				
大花葱	吉安花	百合科 秋植球根植物	70~200cm	4月中旬至6月	10月
桃红、黄、紫、青、白	生有球状花朵的大花葱是此类植物的代表。花葱也有花朵小巧的品种。大型种的球根可从土中挖出				
小鸢尾	鸢尾花	鸢尾科 秋植球根植物	30~90cm	4~5月	10~11月
红、桃红、黄、紫、白	此花的茎端生有众多花朵，拥有较多的园艺品种。应先调配花土，再进行栽种				
伞花虎眼万年青	葫芦兰	百合科 秋植球根植物	10~60cm	3~6月	9月下旬至10月
红、橙、黄、白	此花多为白色。可将耐寒性较强的品种栽种在用石灰中和过的花土中。覆土厚度为一枚球根的高度。此花可连续开花多年				
酢浆草	酸浆草	酢浆草科 秋植球根植物	5~50cm	10月中旬至5月	4月、8月中旬至9月中旬
桃红、黄、白、橙	此花的部分品种的花期在夏季，可将之栽种在向阳处。冬季做好保暖措施，此花便可连年开放，且结花会越来越多				
姜黄	郁金	姜科 春植球根植物	30~100cm	8~9月	5月
红、桃红、白	花苞重合的花朵十分个性。此花为热带植物，冬季应将球根从花土中挖出保存，不要切断花芽和营养组织				
秋水仙	草地番红花	百合科 秋植球根植物	20~30cm	9~10月	9~10月
桃红、紫、白	此花形似番红花，即便不栽种在土地中也能生存。如将之深埋在排水性好的花土中，则三年内就会"遍地开花"				
狭叶白蝶兰	狭叶白蝶花	兰科 春植球根植物	10~40cm	7~8月	2~3月中旬
白	此花品种各异，应选择开花株购买。花谢后要继续施肥，次年春季可移栽至水苔中。此花适合群栽				
宫灯百合	圣诞百合	百合科 春植球根植物	60~80cm	6~8月	4~5月
黄	爪根种球根的两端会萌生新芽，叶腋处会生出花茎，茎端生有吊钟形花朵。挖取出的球根可以冷藏保存				
黄石蒜	黄花石蒜	石蒜科 秋植球根植物	5~20cm	10~次年2月	7~9月
黄、白	此花形似红番花，茎与叶同时生长。每枝花茎结生一枚花朵。应尽早栽种在排水性好的花土中				
夏雪片莲	大待雪草、铃兰水仙	石蒜科 秋植球根植物	30~40cm	4月	10月上旬至中旬
白	每茎会结生4~8朵花冠向下的吊钟形白花。此花生命力顽强，无需打理也能开花				
葱莲	玉帘	石蒜科 春植球根植物	10~25cm	5~10月	4月
桃红、黄、白	生命力较强的白花玉帘是此花常见品种。其他品种可在晚秋挖取球根，春季再次栽入土中。覆土仅需没过球根即可				
雪光花		风信子科 秋植球根植物	10~15cm	3月	10月下旬至11月中旬
紫、青、白	每茎会结生数枚花朵，每朵花能开放20天之久。应将之栽种在半日阴处，并选择排水性良好的土壤做花土。这样做能让此花开放数年				
观音兰	搜山黄	鸢尾科 秋植球根植物	35~50cm	4~5月	9月下旬至12月上旬
红、桃红、橙	观音兰是常见的园艺品种，应为之创造较为干爽的生长环境。如能做好防霜冻措施，则此花无需打理也能遍地开花				
娜丽花	钻石水晶	石蒜科 秋植球根植物	30~70cm	10~12月	8~10月
红、桃红、白	此花晶莹的花朵很是美丽。只要日照充足，则此花在贫瘠的土地中也能生长。花谢后，可挖出球根重新栽种				

植物名 花色	别名	科名·分类	株高	花期	播种期
	特征、栽培要领				
狒狒花	穗花溪苏	鸢尾科　秋植球根植物	30～45cm	4～5月	9月下旬至10月
紫、桃红、白、黄、复色	茎端生有5～8枚花朵。此花还有花心为紫色或淡黄色、花瓣为红色的品种。盆栽花的覆土厚度为2cm。夏季应将球根从土中挖取出来				
贝母	川贝	百合科　春植球根植物	20～100cm	3～6月	10月
橙、黄、紫、白	粗壮的花茎顶端生有6～10枚花冠向下的花朵，株姿个性而醒目。大型球根的株距以20cm为宜，小型球根以8cm为宜				
卜若地	加州卜若地、布罗比亚	百合科　秋植球根植物	20～60cm	4～6月	9月下旬至10月中旬
紫、白、黄	星形或吊钟形的花朵上深色的纹理十分醒目。此花不喜高温潮湿环境。若能将之栽种在落叶树下方，则花期时便会绽放美丽的花朵				
雄黄兰	标杆花、黄大蒜	鸢尾科　春植球根植物	60～100cm	7～8月	3～4月
红、橙、黄	连续绽放的花朵会压倒花穗。可在此花刚开花时剪取下来做切花素材，花朵会稳牢地生长在花序上。此花具有一定的耐阴性和耐寒性				

芳香植物

植物名 花色	别名	科名、分类	株高	花期	栽种期
	特征、栽培要领				
菊苣	苦苣	菊科　耐寒性多年生草本植物	100～150cm	6～8月	4月（播种）
紫	此花为半日花，可作蔬菜食用。此花根须生长旺盛。栽种在花园时可划分植株的生长区域，以便后期分株方便				
虾夷葱	小葱、细香葱	百合科　耐寒性多年生草本植物	20～30cm	6月	3～4月、9月下旬至10月
紫	此花不仅花朵美丽，叶片和柔软的茎还可以收割下来烹制菜肴。春季播下的种子会在次年初夏绽放美丽的花朵				
莳萝	土茴香	伞形科　一～二年生草本植物	60～100cm	5～7月	3～5月、9～10月（播种）
黄	此花形似小一号的茴香，植株清香，变色成熟的果实可以采摘下来，晒干植株后可以采集花种。可通过摘心法繁育新枝				
神香草	牛膝草、柳薄荷	唇形科　耐寒性多年生草本植物	60cm	6～7月	4月
紫	此花口味微苦，叶片可以烹饪肉类菜肴，花朵可制作凉菜。应在春季移栽花苗，将之养护在干爽的环境中				
紫草	硬紫草、大紫草	紫草科　春种·秋种一年生草本植物	50～100cm	5～7月	
青	此花在酸性土中会结生青色花朵，在碱性土中会结生粉色花朵。自播繁育的此花不耐夏季的高温潮湿				
锦葵	荆葵	锦葵科　宿根植物	1m	7～9月	5～6月、9～10月（播种）
桃红、紫	锦葵是很有名的花茶原料，其花朵会从紫色变为青色。部分品种香气浓郁。此花繁殖力较强，间距应保持在40cm以上				
蓍草	一支蒿、蜈蚣草	菊科　宿根植物	10～100cm	5月中旬至10月中旬	9月中旬至10月中旬
红、桃红、黄、白	簇生的小花能够生成一片美丽的花毯，叶片有利用价值。此花根须长势旺盛，每年可为之做一次分株				
绵毛水苏		唇形科　半耐寒性多年生草本植物	40cm	7～9月	4月（播种）
紫	生有白色绒毛的植株非常柔软。此花不喜高温潮湿的环境，冬季若无霜冻则可将之栽种在庭院中。此花长势较旺，能遍地开花				

观叶植物

植物名 花色	别名	科名、分类	株高	花期	栽种期
	特征、栽培要领				
匍匐筋骨草	Bugle	唇形科　耐寒性多年生草本植物	15～20cm	4月中旬至6月中旬	4～5月、9～10月
紫	此花叶片在冬季时会变成铜叶色，还有矮性种等在内的众多品种。可用催芽法多多栽种				
朝雾草	银叶草	菊科　耐寒性宿根植物	20cm	7～8月	10～次年4月
白	此花分叉较多的品种具有较高的耐寒性。此花不喜高温潮湿的环境，可在梅雨季节进行采摘。摘除花芽后，植株便不会开花				
吊兰	折鹤兰	百合科　半耐寒性多年生草本植物	20～40cm	全年（观赏期）	5～6月
白	此花有众多叶片斑纹各异，植株大小不等的品种。可用催芽法或分株法繁育新株				
蜡菊	麦秆菊、七彩菊	菊科　耐寒性宿根植物	30～45cm	7～8月	3～5月、9～10月
黄	生有绒毛的植株散发着咖喱般的清香。摘心可以抑制开花、增加枝叶，使植株看上去更加美观				
矾根	蝴蝶铃	虎耳草科　耐寒性多年生草本植物	20～40cm	5～6月	9～10月
白、红、桃红	此花有铜、黄、绿、红、紫等叶色和生有斑纹的多个品种。可用分株法繁育新株。此花具有较强的耐阴性和耐寒性，不喜阳光直射				
短葶山麦冬	麦冬	百合科　常绿多年生草本植物	30～50cm	7～10月	3～4月中旬、10～11月上旬
紫	个别品种形似春兰的叶尖上生有浅淡花纹。此花具有一定的耐阴性，且生命力较强。春季可剪除老叶，以便促进新叶生长				
珍珠菜	虎尾	报春花科　耐寒性多年生草本植物	10cm	4～6月	3月
黄	匍匐生长的Aurea拥有较高人气。此花扎根较浅，土壤排水性好坏对其没有任何影响。此花还有紫红色叶片的品种				

花树、庭树

植物名 花色	别名 特征、栽培要领	科名、分类	树高	花果期	栽种期
花柏	金色海岸线、金线柏	柏科 针叶树（常绿小乔木）	3～5m	全年（观赏期）	3～6月、9～11月
	此树为花柏的园艺品种，鱼鳞状的叶片细长下垂。修剪时要保留主干剪去余枝。做树篱用的柏树要经常修剪树冠内的老枝				
粉团	蝴蝶荚蒾、绣球	忍冬科 落叶灌木	1～3m	5～6月	12～次年3月
白	此树形似绣球花，是日本雪球花的园艺品种。此树的球状花朵会渐变成白色。生长3年的植株可以剪去老枝，以便促进新枝生长				
帚石楠	苏格兰石楠	杜鹃花科 常绿小灌木	0.3～1m	4～5月、9～10月	2～6月、9～12月
桃红、紫、白	此花形似苏格兰欧石南，其养护方法也与之相同。根据花瓣可分为单瓣品种和重瓣品种，也可根据其株姿分为丛生品种和匍匐品种。宜做地被栽种				
山月桂	美国石南	杜鹃花科 耐寒性常绿灌木	1～3m	5月	2月中旬至5月、9～10月
红、桃红、白	金平糖般的花苞会绽放伞形花朵，养护方法与石楠相同。勤摘花梗可以延长花期				
松红梅	松叶牡丹、澳洲茶	桃金娘科 耐寒性常绿小灌木	3～5m	3～5月	4～5月、9月
桃红、红、白	除了生有小花的树种，此树还有大花型品种和其他花色的品种。此树可为麦卢卡蜂蜜提供原料。花谢后可进行修剪				
香桃木	岗稔、山稔、稔子	桃金娘科 常绿灌木	1～3m	7～9月中旬（10月结果）	3～4月
白	修长的球状雄蕊不仅醒目，而且可以食用。应用石灰调配花土，再进行栽种。修剪老枝可以维持树形				
瓜子黄杨	锦熟黄杨、黄杨木	黄杨科 常绿灌木	0.5～1.5m	全年（观赏期）	10～5月
黄	叶片小巧的锦熟黄杨因为叶色明润而惹人喜爱。此树经得起大幅度修剪，且生长速度缓慢，易于打理				
月桂树	桂冠树、月桂冠、香叶	樟科 常绿乔木	8～15m	4～5月中旬	4～5月中旬
黄	晒干的枝叶可作香料使用。树木能在半日阴处生长。剪掉部分枝叶即可维持树形				
忍冬	金银花、金银藤、银藤	忍冬科 半常绿缠绕及匍匐茎的灌木	3～5m	5～6月中旬（10月结果）	3月中旬至4月、10～11月
白、黄、橙、桃红、红、复色	野生金银花的花色会从白色变成黄色。被命名为忍冬花的园艺品种十分多彩。可保留长枝上的芽，再剪去余枝				
蜡瓣花		金缕梅科 落叶灌木	2～4m	3月中旬至4月中旬（9月结果）	2月中旬至4月上旬、12月
黄	生满小花的花穗垂挂在枝头。可通过修剪增加枝条的间距。小型少花蜡瓣花可使之以丛生状态生长				
胡枝子	萩、胡枝条、扫皮	豆科 落叶灌木	1～2m	7～9月	1～2月
桃红、白	被人们广泛栽种的是枝条长垂的美丽胡枝子。若日照充足，则此树在贫瘠的土地中也能生得很好。应在2月前栽种在土地中				
珙桐	水梨子、鸽子树	蓝果树科（紫树科） 非耐寒性常绿灌木	2～3m	6～9月	5月中旬至6月
白（花苞）	包裹头状花序的2片花苞下垂生长。应栽种在半日阴处，并为之准备肥沃的花土。此树不耐旱。生长10年以上的树才能开花				
大叶醉鱼草	紫花醉鱼草、大蒙花	马钱科 落叶灌木	3m	6月下旬至10月上旬	3月、10月中旬至11月
紫、桃红、白	此树花穗上生满了密集的小花，剪去残花可使植株再次开花。此树气温稍高便能开花，可随时修剪				
红花七叶树	变色树	七叶树科 落叶乔木	10m	5～6月	2～3月中旬、11～12月
红、桃红	花朵生长在树冠外边，结花较多。落叶期可增加枝条距离，摘除叶片。修剪可以控制植株高度				
正木	大叶黄杨、冬青卫矛	卫矛科 常绿小乔木	2～6m	6～7月中旬	4～5月、9～10月
绿（花）、红（果实）	此树除了绿叶品种，还有叶片生有斑纹或叶色为黄色的北海道黄杨等品种。此树花朵只有5mm，蒴果开裂时能采集种子				
结香	打结花、打结树	瑞香科 落叶灌木	1.5～2m	3月中旬至4月中旬	2月下旬～3月
黄、红	芬芳而花冠向下的花朵可开放一个月。此树有开红花的品种。不必拉大树枝间距，可以剪断老枝				
日本小檗	目木、刺檗	小檗科 落叶灌木	2m	4～5月（10～11月结果）	2月中旬至3月中旬
黄	此树有叶色为黄色、紫红色的品种和生有斑纹的品种。叶缘带刺是此树特征。可做地被或树篱栽种				
五色梅	变色草	常绿灌木	0.2～2m	4月中旬至11月中旬	5～6月中旬
黄、橙、红、白	此树可分为花色渐浓的品种和不变的品种。此树很像小一号的绣球花。修剪能够延长花期				
素心蜡梅	素心蜡梅	蜡梅科 落叶灌木	2～5m	11月至次年3月	2月下旬至3月、12月
黄	通透的花朵可将冬季装点得十分美丽。腊梅花多为生有黄色花朵且香气浓郁的素心蜡梅。此树打理简单，剪去老枝即可				

观果树和果树

植物名 花色	别名 特征、栽培要领	科名、分类	树高	花果期	栽种期
杏树	杏、北梅	蔷薇科 落叶乔木	5～10m	3～4月开花、6～7月结果	3月
桃红（花）橙（果实）	杏树生有美丽的花朵，适合在阴凉少雨的环境中生长。落叶期应剪掉长枝，促使进枝生长发育。夏季时短枝会发芽，次年会开花结实				
日本珊瑚树	法国冬青	忍冬科 常绿乔木	5～6m	5～6月	3月中旬至4月上旬、9月下旬至10月上旬
白（花）、红（果实）	花谢后果实挂满枝头的样子十分美丽。此树生命力顽强，叶片较厚，气候温暖的地区可作树篱栽种。6月、9月是修剪树木的好时期				

植物名 花色	别名	科名、分类	树高	花果期	栽种期
	特征、栽培要领				
花椒树 黄（花）、红（果实）	大椒	芸香科 落叶灌木	2~3m	4~5月	12月至次年3月
	此树为雌雄异株，叶、花、果实可以利用。此树发芽率较高，树身生刺，可作树篱栽种。秦椒为无刺品种				
李子树 白（花）、红（果实）	李子、嘉庆子、山李子	蔷薇科 落叶小乔木	5~7m	7~8月（4月开花）	2~3月
	此树花朵很是美丽，但不可同类授粉。可用梅树或杏树的花粉为之人工授粉。竖直生长的李子树很容易修剪				
西洋梨 白（花）、绿（果实）	巴梨	蔷薇科 落叶乔木	4~15m	4月	2~3月、10~11月
	树高1~3m的果树可修剪为自然开心形或作树篱栽种。此树较为耐寒，果树成熟后可催熟食用				
樱桃树 桃红（花）、红（果实）		蔷薇科 落叶小乔木	3~5m	3月	2~3月
	此类品种的樱桃可在气候温暖地区栽种，具有较强的抗病害能力。此树结花多，结果多。每棵树都会结生很多小巧的果实				
枣树 黄（花）、红（果实）	大枣	鼠李科 落叶灌木	8~10m	5~7月	2~3月
	枣树6月开花，秋季果实会成熟。酸枣可以食用也可以入药。不要剪短新稍的顶端，修剪时增大老枝间距即可				
枇杷树 白（花）、橙（果实）	芦橘	蔷薇科 常绿中乔木、乔木	6~10m	10~12月	2月
	冬季，此树圆锥形的花穗会散发芬芳。此树结花多，为保证果实品质应适当摘蕾、摘花、摘果				
菲油果 白（花）、绿（果实）	费约果	桃金娘科 常绿小乔木	2~6m	6~7月（10月结果）	3~4月
	此树花朵雄蕊为红色，具有异国情调，其果实散发着菠萝般香气。冬季时要移入室内养护				
桑树 绿（花）、红、紫、白（果实）	桑	桑科 落叶乔木	3~15m	5月	3月
	果实可食用，叶为桑蚕饲料。此树生命力顽强，盆栽易于养护				

内 容 提 要

向大家介绍适宜栽种在庭院、花园和花盆中，并且能够给我们的生活增添乐趣的花草树木。其中包括植物的分类、特征和栽培要领，同时还奉上必读园艺小常识，帮助你轻松打理庭院的绿植。

北京市版权局著作权合同登记号：图字 01-2017-9160

455 種のガーデニングプランツの育て方がひとめでわかる本

Originally published in Japan by Shufunotomo Co., Ltd
Translation rights arranged with Shufunotomo Co., Ltd.
through EYA Beijing Representative Office

图书在版编目（CIP）数据

花果满园 ： 家庭庭院植物栽培与养护 / 日本主妇之友社著 ； 袁光译. -- 北京 ： 中国水利水电出版社, 2019.3
ISBN 978-7-5170-7465-6

Ⅰ. ①花… Ⅱ. ①日… ②袁… Ⅲ. ①观赏园艺 Ⅳ. ①S68

中国版本图书馆CIP数据核字(2019)第031175号

策划编辑：庄　晨　责任编辑：邓建梅　加工编辑：庄　晨　封面设计：梁　燕

书　　名	花果满园——家庭庭院植物栽培与养护 HUAGUO MANYUAN——JIATING TINGYUAN ZHIWU ZAIPEI YU YANHU
作　　者	［日］主妇之友社　著 袁　光　译
出版发行	中国水利水电出版社 （北京市海淀区玉渊潭南路 1 号 D 座 100038） 网址：www.waterpub.com.cn E-mail：mchannel@263.net（万水） sales@waterpub.com.cn 电话：（010）68367658（营销中心）、82562819（万水）
经　　售	全国各地新华书店和相关出版物销售网点
排　　版	北京万水电子信息有限公司
印　　刷	雅迪云印（天津）科技有限公司
规　　格	184mm×240mm　16 开本　13.5 印张　337 千字
版　　次	2019 年 3 月第 1 版　2019 年 3 月第 1 次印刷
印　　数	0001—5000 册
定　　价	49.90 元

图片提供：arsphoto 企划
小须田进
中山正范
山田朋重
籔正秀
中川正
石井政义
泽田和广
福冈将之
池田敏夫
耕作社
插　　图：堀坂文雄